强化学习
从原理到实践

李福林 ◎ 著

清华大学出版社
北京

内 容 简 介

本书是对强化学习算法的综合性讲解书籍，内容包括主要的强化学习算法的实现思路，以及主要的优化方法的原理。本书介绍的每个算法都分为原理讲解和代码实现两部分，代码实现是为了通过实验验证原理部分的可行性。通过本书的学习，读者可以快速地了解强化学习算法的设计原理，掌握强化学习算法的实现过程，并能研发属于自己的强化学习算法，了解各个算法的优缺点，以及各个算法适用的场景。

本书分 6 篇共 18 章，基础篇(第 1 章和第 2 章)介绍了强化学习中的基本概念。基础算法篇(第 3～6章)介绍了 QLearning 算法、SARSA 算法、DQN 算法、Reinforce 算法。高级算法篇(第 7～12 章)介绍了AC 算法、A2C 算法、PPO 算法、DDPG 算法、TD3 算法、SAC 算法、模仿学习算法。多智能体篇(第 13 章和第 14 章)介绍了在一个系统中存在多智能体时，各个智能体之间的合作、对抗等关系，以及各个智能体之间的通信策略。扩展算法篇(第 15～17 章)介绍了 CQL 算法、MPC 算法、HER 算法。框架篇(第 18 章)介绍了强化学习框架 SB3 的使用方法。

本书将使用简单浅显的语言，带领读者快速地了解各个主要的强化学习算法的设计思路，以及实现过程。本书适合人工智能方向的初学者阅读，也可作为高等院校相关专业的教材。通过本书各个章节的学习，读者可以掌握主流的强化学习算法的原理和实现方法，并能够既知其然也知其所以然，做到融会贯通。

图书在版编目(CIP)数据

强化学习：从原理到实践 / 李福林著. -- 北京：清华大学出版社，2025. 2.
(跟我一起学人工智能). -- ISBN 978-7-302-68241-7

Ⅰ. TP181

中国国家版本馆 CIP 数据核字第 2025EF4574 号

责任编辑：赵佳霓
封面设计：吴　刚
责任校对：时翠兰
责任印制：宋　林

出版发行：清华大学出版社
　　　网　　址：https://www.tup.com.cn，https://www.wqxuetang.com
　　　地　　址：北京清华大学学研大厦 A 座　　　邮　　编：100084
　　　社 总 机：010-83470000　　　邮　　购：010-62786544
　　　投稿与读者服务：010-62776969，c-service@tup.tsinghua.edu.cn
　　　质量反馈：010-62772015，zhiliang@tup.tsinghua.edu.cn
　　　课件下载：https://www.tup.com.cn，010-83470236
印 装 者：小森印刷霸州有限公司
经　　销：全国新华书店
开　　本：186mm×240mm　　印　　张：16　　　字　　数：358 千字
版　　次：2025 年 3 月第 1 版　　　印　　次：2025 年 3 月第 1 次印刷
印　　数：1～1500
定　　价：69.00 元

产品编号：108851-01

前言
PREFACE

　　笔者自从学习人工智能相关的技术以来,一直觉得强化学习相关的资料相对偏少,无论是实体的书籍,还是网络上的各种文章,普遍存在重复量大,解释咬文嚼字,充斥着抽象的数学公式,很多时候对于一个算法的设计思路只是简单地列出几条公式就算强行解释过了,虽然在理解了这些算法之后,也能理解作者为什么会做出这样的解释,因为确实有些算法的设计思路是很抽象的。还有的算法纯粹是从数学层面推导出来的,单纯看最后的实现过程是完全没有任何道理的,只有理解了它背后的数学推导过程,才能理解为什么它是那样的一个实现过程,所以在某种程度上也能理解作者为什么要那样古板地解释算法的设计思路。

　　不过笔者还是希望尽自己所能,从更加感性、更加形象化的角度去解释各个强化学习算法的设计思路。笔者一直认为,万事开头难,学习数据库最困难的部分,可能就是成功地安装一个数据库。如果初期能顺利地入门,后期再去慢慢摸索算法中的各个细节,则可能会更容易一些。

　　出于以上原因,笔者想要尽自己所能,以自己对强化学习各个算法的理解,尽量简单明了地向读者介绍各个算法的设计思路,以帮助读者能够进入强化学习这座大厦的大门,未来读者可以自己在这座大厦里开启自己的冒险,乃至为这座大厦添砖加瓦。

　　前面谈到强化学习方面的理论往往解释得很生硬,其实相比原理解释上的问题,还有代码实现的质量也比较差,也许人工智能领域的工程师更偏向数学理论,在代码实现上普遍质量不高。代码里经常可以见到无意义的函数封装、冗余的代码块、无意义的判断、永远只循环一次的循环体等问题,让原本就复杂的程序更加难以读懂。

　　本书配套的代码都是笔者亲手编写的,全套代码的风格都是统一的,只要看懂了第1套代码,其他的代码就可以做到一通百通。笔者尽量以简洁的形式去书写代码,让每行代码都有意义,避免无意义的冗余,并且所有的代码都是测试通过的,能复现本书中所介绍的效果。

　　笔者自从2021年以来,逐渐把自己所学习的计算机技术整理成视频和代码资料,在分享知识的过程中,强化学习是很受读者欢迎的部分,同时也有很多读者给笔者反馈,强化学习部分的知识理解起来不太容易,这和笔者制作的视频的质量有很大关系,现在回头看,当初因为青涩,制作的视频资料十分粗糙,因而笔者有了重新制作这部分视频资料的想法,同时也给了笔者动力,想把强化学习部分的知识整理成文本资料出版,以更多的渠道和媒介向读者传达自己的声音。

　　如果本书的内容能对你有一点帮助,笔者的工作就没有白费,最后,感谢读者购买这本书,希望本书的内容能让读者有所收获。

本书主要内容

第1章:强化学习概述,概述了强化学习的基本概念及一般的优化过程。

第2章:Q函数和时序差分,介绍了Q函数,以及使用时序差分方法优化Q函数。

第3章:基于表格的强化学习方法,介绍了基于表格实现的QLearning算法和SARSA算法。

第4章:DQN算法,介绍了DQN算法,以及在DQN算法中使用双模型、加权数据池、Double DQN、Dueling DQN、Noise DQN等改良方法。

第5章:策略梯度,介绍了基于策略的思想,以及使用策略迭代方法优化策略的过程。

第6章:Reinforce算法,介绍了Reinforce算法,以及在Reinforce算法中应用去基线、熵正则等优化方法。

第7章:AC和A2C算法,介绍了AC算法和A2C算法,引出了"演员评委"模型。

第8章和第9章:近端策略优化算法和实现,介绍了在强化学习中的难点:近端策略优化算法,即PPO算法,介绍了在PPO算法中重要的重要性采样、优势函数、广义优势估计等概念。

第10章:DDPG和TD3算法,介绍了深度确定性策略梯度算法,即DDPG算法,以及DDPG算法的改进算法——TD3算法。

第11章:SAC算法,介绍了SAC算法的实现,提出了优化过程中要考虑动作的熵的概念。

第12章:模仿学习,介绍了模仿学习方法,提出了可以使用传统监督学习的方法来模拟强化学习方法。

第13章:合作关系多智能体,介绍了在一个系统中多个智能体之间合作方法,介绍了多个智能体之间的有通信和训练时有通信的两种通信策略。

第14章:对抗关系多智能体,介绍了在一个系统中多个智能体之间的对抗方法,介绍了多个智能体之间的无通信和训练时有通信的两种通信策略。

第15章:CQL算法,介绍了离线学习算法——CQL算法,提出了在离线学习中抑制Q函数的过高估计的方法。

第16章:MPC算法,介绍了直接学习环境的MPC算法,提出了从模拟环境中搜索得到最优动作的方法。

第17章:HER目标导向的强化学习,介绍了在反馈极端稀疏的环境中,通过放置伪目标点来提高优化效率的HER算法。

第18章:SB3强化学习框架,介绍了强化学习框架SB3的使用方法。

阅读建议

本书是一本对强化学习算法的综合性讲解书籍,既有设计原理,也有代码实现。

本书尽量以简洁的语言书写,每个章节之间的内容尽量独立,使读者可以跳跃阅读而没有障碍。

作为一本实战书籍,读者要掌握本书的知识,务必结合代码调试,本书的代码也尽量以简洁的形式书写,使读者阅读不感吃力。本书代码使用 Jupyter Notebook 书写,每个代码块即是一个单元测试,读者可以用每个程序的每个代码块按从上到下的顺序进行测试,从一个个小知识点聚沙成塔,融会贯通。

扫描目录上方的二维码,可获取本书源码。

致谢

感谢笔者的好友 K,在笔者写作过程中始终鼓励笔者,使笔者有动力完成本书的写作。

在本书的撰写过程中,笔者虽已竭尽所能为读者呈现最好的内容,但书中难免存在疏漏,敬请读者批评指正。

李福林

2024 年 12 月

目 录
CONTENTS

本书源码

基 础 篇

基础算法篇

高级算法篇

扩展算法篇

框 架 篇

基　础　篇

▶▶▶

强化学习概述

1.1　强化学习的定义

本书作为一本快速实践强化学习核心内容的书籍,笔者不打算在第 1 章长篇累牍地介绍人工智能的历史,人工智能和强化学习在过去取得的成绩是众所周知的,相信读者也是充分建立了对强化学习的信心才来阅读本书的,因此,本书会以尽量简洁的方式介绍主要的强化学习算法的设计思路和具体的实现过程。

考虑到读者可能会对强化学习缺乏最基本的认识,下面将从感性的层面带领读者先大致地认识一下强化学习,以帮助读者理解强化学习是在做什么样的事情,以及它的工作原理。

所谓强化学习,是指一个机器人在环境中活动,每个时刻做出一个动作,该动作会改变环境的状态,并获得一个反馈,目标是反馈最大化的一类机器学习任务。

机器人和环境的互动过程大致可以归纳为如图 1-1 所示。

图 1-1　机器人和环境的互动

机器人可以通过动作和环境互动,每次机器人行动过后环境的状态将会改变,每个动作完成之后环境也会给予机器人一个反馈,怎么最大化反馈的总和就是强化学习研究的课题。

图 1-1 所示的循环每执行一轮称为一个时刻,严格来讲机器人不一定要做出动作才能改变环境的状态,很多时候不做出动作环境的状态也会自然改变,例如俄罗斯方块游戏。为了方便求解通常会把不做出动作也作为一种动作考虑,即无为而治,也是一种治理。

1.2　玩耍和学习

不知道读者是否对动物的行为感兴趣,如果读者在动物园或者马戏团见过动物表演,则容易发现表演的动物中哺乳动物占据绝大多数,如图 1-2 所示。

图 1-2   负责表演的哺乳动物

不知道读者是否思考过为什么负责表演的大多是哺乳动物呢？这个问题不难理解，因为哺乳动物普遍更聪明，更容易训练，它们的行为主要是通过后天学习得来的，而其他动物，例如爬行动物、昆虫则主要依靠本能，它们生下来时怎么行动，则一生都会保持这样的行为策略，后天塑造的能力差。

为什么哺乳动物和爬行动物会存在这样的差别呢？这要提到只有哺乳动物才具有的一项"天赋技能"，可能读者都没有留意到自己身为哺乳动物所具有的这项"天赋技能"，那就是玩耍，如图 1-3 所示。

图 1-3   只有哺乳动物才会玩耍

正因为会玩耍，哺乳动物具有高智商，从而能够胜任诸如跳火圈、走钢丝、接飞盘这样的高难度表演。

严格来讲鸟类、冷血动物等其他动物也会玩耍，但它们玩耍的意愿和频率远低于哺乳动物，笔者不是研究动物的专家，这里只是为了说明玩耍对于学习的重要性。动物表演是违反动物天性的，笔者不提倡动物表演。

从某种意义上来讲，玩耍也是一种学习，只是更符合动物天性的学习。猫咪玩球其实是在模拟抓老鼠，这对它的生存繁衍具有积极意义。人类小朋友玩过家家是模拟成人后的生活,在游戏中和同伴沟通交流,学习为人处世,也是积极的。一个人或者动物如果能玩耍得很好,则往往也能生活得很好。

强化学习的任务并不是玩耍,而是需要处理现实生活中的任务,例如自动驾驶、下棋、写文章、回答复杂的问题、电话客服等。

相信读者也已经意识到了,处理实际的工作任务和玩耍,往往可以相互转换,例如自动驾驶和赛车电子游戏,往往可以相互模拟,只要能把赛车电子游戏玩好,往往也能把车开好。很显然,不能让一个完全不懂得如何开车的机器人把一辆真实的汽车开到马路上去。

综上所述,在强化学习中,一般会以玩耍来代替学习,以在电子游戏中的表现来衡量一个机器人完成现实工作任务的能力。换句话说:强化学习的目标是玩好游戏。

1.3 对比传统方法

为了更形象地理解强化学习的过程,本节使用一个具体的游戏环境为例子进行讲解,该游戏环境如图 1-4 所示。

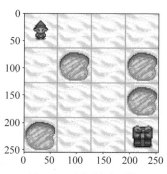

图 1-4 冰湖游戏环境

游戏环境非常简单,下面列出该游戏值得关注的几个点:

(1)该游戏的目标是控制小人获得礼物,中途不能掉到坑里。

(2)可以看出该游戏环境有 4 行 4 列,共 16 个格子。

(3)小人的动作空间是上、下、左、右 4 个动作。

(4)这个游戏有两个判定结束的方式,一种是小人获得礼物;另一种是小人掉进了坑里。

如果是人类来玩上面的游戏,则一定可以表现得很好,即使是幼儿园的小朋友也能玩得很棒。

传统的计算机编程也能很容易地处理该环境,可以通过路径优化来找到最优路径,即使环境是不可知的,也能通过试错法找出近似最优路径。

既然传统计算机编程就能处理该类问题了,为什么还需要强化学习方法呢?因为传统计算机编程有一个无法解决的缺陷,也就是程序的复杂度随着游戏环境的复杂度的提升而提升,如图 1-4 所示的冰湖游戏环境也许传统计算机编程能很容易地处理,但是在诸如《星际争霸》和 Dota 2 之类的复杂游戏环境中就无法处理了,因为这类游戏的环境太过于复杂,几乎可以说有无穷多种状态,每个时刻也有无穷多种动作。

还有一类游戏环境是因为人类也不知道该如何处理,这类环境的复杂度超出了人类智力的极限,例如围棋。要知道计算机编程是把人类脑中的思路实现为计算机程序,如果人类不知道该如何处理,则实现为计算机程序也就无从谈起了。

那么强化学习是如何处理该类问题的呢?此处还是暂时回到动物表演的例子。再次强调笔者不提倡动物表演,此处仅为举例说明。

例如想训练一只小狗学会"坐下"这个指令。训练师会对小狗说:"坐下"。如果小狗此时坐下了,训练师就会给小狗零食以告诉小狗做出了正确的动作,反之,训练师可能会训斥小狗,以告诉小狗做出了错误的动作。以上动作重复多次,最终小狗就学会了每次听到"坐下"就做出"坐下"这个动作,从而获得奖励。

注意在这个训练、学习的过程中,训练师并不需要告诉小狗每次听到"坐下"这个指令时,先收起后腿,然后把屁股放在地上。训练师只是通过不同的反馈告诉小狗做的是对的还是错的,小狗从训练师给予的反馈学习自己要做出的动作。

其实人类的成长也是强化学习的结果,此处举一个小朋友向家长要零花钱的例子,小明想要一笔零花钱买零食,他找到了爸爸,爸爸不但没有给他零花钱,反而训斥了他一顿,小明获得了负反馈,他学习到了以后不能找爸爸要零花钱。下一次小明找到了妈妈,顺利地得到了零花钱,小明获得了正反馈,他学习到了以后应该找妈妈要零花钱。

同样地,在这个学习的过程中,爸爸和妈妈并不需要告诉小明他应该怎么做,只是通过不同的反馈鼓励小明做出不同的动作。

从上面的两个例子相信读者已经理解强化学习为什么相比传统编程要更简单,强化学习是确定结果而求过程,所以它不关心实现的过程,机器人需要自己找出求解的过程。

传统计算机编程求解冰湖游戏环境的过程类似图 1-5 所示。

可以看到在传统计算机编程过程中程序员需要告诉程序每步如何动作,这在一些复杂的游戏环境中是不可能的。复杂度会是一个天文数字。

相比之下强化学习方法求解冰湖游戏的过程类似图 1-6 所示。

在强化学习方法中,不关心游戏的过程,只要最终能获得礼物就可以,中间具体的求解过程需要计算机自己求解,从而把人类从复杂的求解过程中解放出来。

由于是计算机自行求解,计算机可能会找出过去从来没有人想到过的解法,表现甚至超越人类,这在围棋等多个领域内被反复证实是真实存在的。

因为强化学习方法是直接针对结果求解,所以算法的复杂度和环境无关,无论多复杂的游戏环境理论上都可以使用同样的强化学习方法来求解,只是能学到多好,取决于不同的强化学习方法的性能和体量。

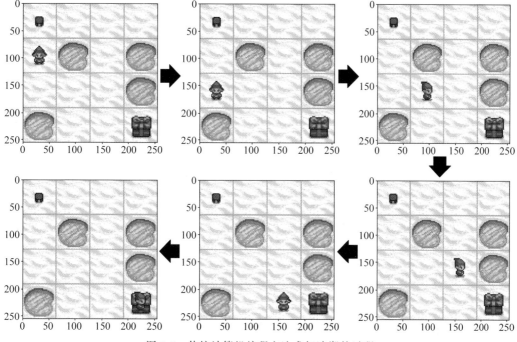

图 1-5　传统计算机编程方法求解冰湖的过程

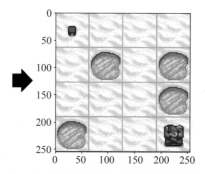

图 1-6　强化学习方法求解冰湖的过程

1.4　基于表格的直观示例

　　1.3 节向读者介绍了强化学习的基本思想,本节将举一个抽象的强化学习的例子以帮助读者理解强化学习训练的一般过程。

　　如上所述,训练机器人的过程就是让机器人在环境中玩耍,此处依然以冰湖游戏环境为例,按照冰湖游戏环境的定义,机器人可以控制小人在环境中行动,从而改变环境的状态。不难看出,该游戏环境共有 16 种状态,分别是小人处于 16 个格子的状态,如图 1-7 所示。

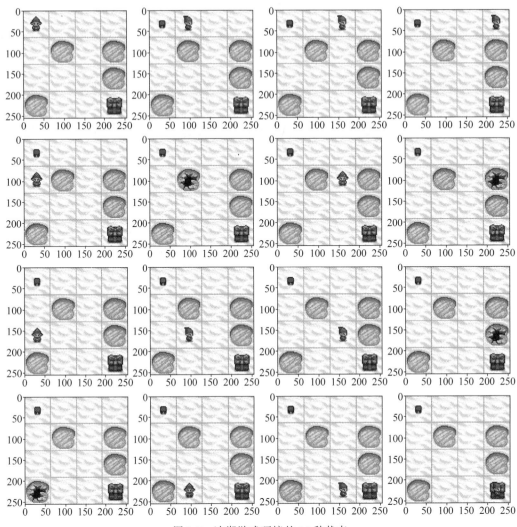

图 1-7　冰湖游戏环境的 16 种状态

冰湖这个游戏环境一共有 16 种状态,每种状态都会给予机器人一个反馈,示例的反馈表如表 1-1 所示。

表 1-1　冰湖游戏每种状态给予的反馈

行	第 1 列	第 2 列	第 3 列	第 4 列
第 1 行	−1	−1	−1	−1
第 2 行	−1	−100	−1	−100
第 3 行	−1	−1	−1	−100
第 4 行	−100	−1	−1	1

冰湖游戏环境中的某些状态会导致游戏结束,分别是掉进坑里或者获得礼物,很显然,掉进坑里应该给负反馈,而获得礼物应该给正反馈。可以留意表 1-1 中第 4 行、第 4 列的值

为 1,这个反馈已经是整张表里最大的值了,它是机器人追求的目标。

观察表 1-1 还可以发现有 4 个—100 的反馈,分别是小人掉进 4 个坑的情况,掉进坑里应该给一个比较大的负反馈,这也是好理解的。

剩下的格子都是普通的地面,没有导致游戏结束,但是都给予了—1 的反馈,意味着这些状态不太好。为什么要这样做呢?也许给予反馈 0 会是更合适的?

对于冰湖这个游戏环境来讲,如果精心控制,则这个游戏可以永不结束地玩下去,例如反复地来回走,而这显然不是想要的结果。机器人为了避免掉进坑里,可能会无意义地反复来回走,导致游戏永不结束,所以在每个平地上都给予—1 的反馈,这告诉了机器人要尽快结束游戏,为了避免得到—100 的反馈,机器人会尽量以获得礼物的形式结束游戏,这就是为什么在平地上要给予—1 的反馈的原因。

冰湖游戏环境一共有 16 种状态,这些状态不是等价的,即使都是平地,但有些离礼物远,有些离礼物近,很显然处在离礼物近的平地上时,对机器人更有利,如果把各种状态的优劣列成表格,则大致如表 1-2 所示。

表 1-2 冰湖游戏每种状态的优劣

行	第 1 列	第 2 列	第 3 列	第 4 列
第 1 行	最劣	劣	劣	最劣
第 2 行	劣		一般	
第 3 行	一般	优	优	
第 4 行		优	最优	

从表 1-2 可以看出,第 4 行、第 3 列的状态是最优的,因为小人处于这种状态时只要再走一步就可以获得礼物,相比其他的状态,很显然这种状态是最接近胜利的,所以它是最优的状态,如果有各种状态的评分表,则应该获得最高分。

其他的各个平地根据距离礼物的距离也有各自的评分,所以当小人处于平地状态时,它的主要指导性信息就是从低分值的状态走到高分值的状态,从而越来越靠近礼物,进而取得胜利。

如上所述,一个理想的冰湖游戏的策略如表 1-3 所示。

表 1-3 一个理想的冰湖游戏的策略

行	第 1 列	第 2 列	第 3 列	第 4 列
第 1 行	↓	→	↓	←
第 2 行	↓	坑		坑
第 3 行	→	↓	↓	坑
第 4 行	坑	→	→	礼物

表 1-3 所示的是一个理想的策略表,策略显然不是唯一的,小人可以有很多种获得礼物的路径。通过观察该表,可以发现对于机器人来讲,它的任务是要求出在每种状态中理想的动作。

如上所述,冰湖游戏环境一共有 16 种不同的状态,在每种状态里小人都可以做上、下、左、右 4 个动作,其实在掉进坑里或者获得礼物的状态下小人就无法活动了,但是此处出于简单起见先忽略这些情况,假设在所有状态下小人都可以做出上、下、左、右 4 个动作。如果给所有状态下的所有动作打分,则大致如表 1-4 所示。

表 1-4 所有状态下所有动作的分数

行	列	上	下	左	右
第 1 行	第 1 列				
第 1 行	第 2 列				
第 1 行	第 3 列				
第 1 行	第 4 列				
第 2 行	第 1 列				
第 2 行	第 2 列				
第 2 行	第 3 列				
第 2 行	第 4 列				
第 3 行	第 1 列				
第 3 行	第 2 列				
第 3 行	第 3 列	一般	高	一般	低
第 3 行	第 4 列				
第 4 行	第 1 列				
第 4 行	第 2 列	一般	一般	低	高
第 4 行	第 3 列	一般	一般	一般	高
第 4 行	第 4 列				

观察表 1-4 可以发现每种状态下的 4 个动作之间是零和博弈的,因为在每种状态下只能做一个动作,做了某个动作就意味着无法做其他动作了,所以一个动作的分数高一定会导致其他的动作分数低。

在表 1-4 中大多数无关紧要的状态被省略了,标出了 3 种状态的动作分数,可以发现在这些状态做出这些高分的动作都是能让状态转换为一个更优的状态,或者直接获得礼物结束游戏,而低分的动作则会导致掉坑,所以给这些动作低分,从而避免机器人采取这些动作。

表 1-4 非常重要,事实上在很多强化学习算法中它就是最终要优化的目标,这里为了描述方便,给它起个名字,就叫它 Q 表。

1.5 一般的学习过程

通过上述的讲解不难发现,只要有了 Q 表这样的一张给所有状态下所有动作都打了分数的表格,机器人就能很好地处理好对应的游戏环境,难点在于如何求出该表,有很多方法能完成这件事情,本书的内容基本也就是在叙述如何求出该表的各种方法。具体的做法会在本书的后续各个章节中一一叙述,下面先通过表格的形式来感性地认识一下一般的优化过程。

要优化 Q 表所示的状态动作分数表,首先需要让机器人通过和环境互动产生数据,根据机器人的表现和从环境中获得的反馈数据,来对 Q 表中的数值进行调整。

假设机器人这一局的游戏过程如图 1-8 所示。

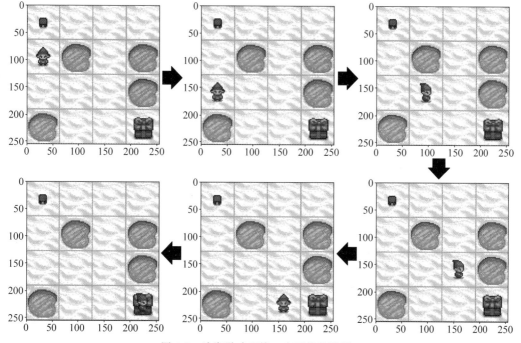

图 1-8　冰湖游戏环境一个可能的路径 1

这一局机器人的表现很好,它最终取得了礼物,获得了正反馈,从而帮助它认识到在这局游戏中采取的动作都是好的,强化它的信心。

把数据整理成表格,如表 1-5 所示。

表 1-5　游戏过程产生的数据 1

时　刻	当前行	当前列	动　作	反　馈	到达行	到达列	游戏结束
1	第 1 行	第 1 列	下	−1	第 2 行	第 1 列	否
2	第 2 行	第 1 列	下	−1	第 3 行	第 1 列	否
3	第 3 行	第 1 列	右	−1	第 3 行	第 2 列	否
4	第 3 行	第 2 列	右	−1	第 3 行	第 3 列	否
5	第 3 行	第 3 列	下	−1	第 4 行	第 3 列	否
6	第 4 行	第 3 列	右	1	第 4 行	第 4 列	是

这一局游戏总的动作序列是下、下、右、右、下、右,反馈序列是 −1、−1、−1、−1、−1、1,总和是 −4,这在冰湖游戏环境中已经是非常高的分数了。

由于反馈总和很高,所以在这局的各种状态下做出的每个动作都应该加分,以优化 Q 表,调整后如表 1-6 所示。

表 1-6　优化 Q 表 1

行	列	上	下	左	右
第 1 行	第 1 列		加分		
第 1 行	第 2 列				
第 1 行	第 3 列				
第 1 行	第 4 列				
第 2 行	第 1 列		加分		
第 2 行	第 2 列				
第 2 行	第 3 列				
第 2 行	第 4 列				
第 3 行	第 1 列				加分
第 3 行	第 2 列				加分
第 3 行	第 3 列	加分			
第 3 行	第 4 列				
第 4 行	第 1 列				
第 4 行	第 2 列				
第 4 行	第 3 列				加分
第 4 行	第 4 列				

　　上面这种情况是机器人表现得很好的情况,下面再举一个机器人表现得不好的情况,如图 1-9 所示。

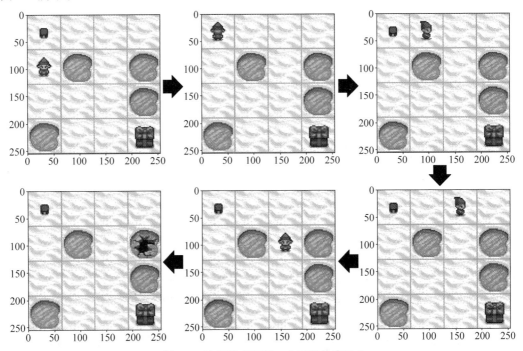

图 1-9　冰湖游戏环境一个可能的路径 2

把所有的数据整理成表格,如表 1-7 所示。

表 1-7　游戏过程产生的数据 2

时　刻	当前行	当前列	动　作	反　馈	到达行	到达列	游戏结束
1	第 1 行	第 1 列	下	−1	第 2 行	第 1 列	否
2	第 2 行	第 1 列	上	−1	第 1 行	第 1 列	否
3	第 1 行	第 1 列	右	−1	第 1 行	第 2 列	否
4	第 1 行	第 2 列	右	−1	第 1 行	第 3 列	否
5	第 1 行	第 3 列	下	−1	第 2 行	第 3 列	否
6	第 2 行	第 3 列	右	−100	第 2 行	第 4 列	是

这一局游戏总的动作序列是下、上、右、右、下、右,反馈序列是−1、−1、−1、−1、−1、−100,总和是−105,这在冰湖游戏环境中是比较低的分数。

由于反馈总和较低,所以在这局的各种状态做出的动作都应该减分,以优化 Q 表,调整如表 1-8 所示。

表 1-8　优化 Q 表 2

行	列	上	下	左	右
第 1 行	第 1 列		减分		减分
第 1 行	第 2 列				减分
第 1 行	第 3 列		减分		
第 1 行	第 4 列				
第 2 行	第 1 列	减分			
第 2 行	第 2 列				
第 2 行	第 3 列				减分
第 2 行	第 4 列				
第 3 行	第 1 列				
第 3 行	第 2 列				
第 3 行	第 3 列				
第 3 行	第 4 列				
第 4 行	第 1 列				
第 4 行	第 2 列				
第 4 行	第 3 列				
第 4 行	第 4 列				

以上就是两轮比较感性的强化学习优化 Q 表的过程。为了便于读者理解,使用了比较感性化的解释。这也是一般的强化学习算法的优化过程。

通过上面的解释可以发现,游戏过程中产生的数据是很重要的,必须有这些数据才能优化 Q 表。为了本书后面叙述的方便,这里列出一些典型的数据和它们对应的名词,如表 1-9 所示,后续章节中将不再重复解释。

表 1-9　典型数据的名词对应表

汉　　语	英　　语	英 语 简 写	解　　释
状态	state	s	游戏环境当前的状态
动作	action	a	执行的动作
反馈	reward	r	执行动作后获得的反馈，一般是一个数值
下一时刻状态	next state	ns	执行动作后到达的状态
游戏结束	over	o	游戏是否已经结束，一般为布尔值

1.6　小结

　　本章概述了强化学习方法的基本概念，通过几个形象化的例子向读者举例说明了强化学习方法的一般做法。后续还通过表格的方法向读者抽象化地介绍了强化学习方法的一般过程。

第 2 章

Q 函数和时序差分

通过第 1 章的学习，了解到大多数的强化学习方法是要求一张 Q 表，即在所有状态下做所有动作的分数。本章将向读者介绍 Q 函数和一个在大多数强化学习算法中要用到的优化方法：时序差分方法。

此处还是以冰湖游戏环境为例进行讲解，该游戏环境如图 1-4 所示，读者如果忘记了该游戏环境的样子，则可以回到本书对应章节复习，此处不再复述。

在冰湖这个游戏环境中，游戏需要进行很多步才能结束，每种状态都会给予一个反馈，如果把走到每种状态下所获得的反馈整理成表，则如表 2-1 所示。

表 2-1　冰湖游戏每种状态给予的反馈

行	第 1 列	第 2 列	第 3 列	第 4 列
第 1 行	-1	-1	-1	-1
第 2 行	-1	-100	-1	-100
第 3 行	-1	-1	-1	-100
第 4 行	-100	-1	-1	1

游戏的大多数状态给予 -1 的反馈，最少也需要走 6 步才能获得礼物，得到正反馈。对于强化学习的训练来讲这是一个坏消息，这意味它至少要行动 6 步，才能知道目前的策略是好的还是坏的，如图 2-1 所示。

此时机器人已经表现得很好了，它最终取得了礼物，获得了正反馈，从而帮助它认识到在这局游戏中采取的动作都是好的，强化了它的信心。

但是上面举例的情况太理想了，机器人在短时间内就获取了关于环境的反馈。最开始时的机器人应该是不知道该如何进行决策的，它主要是在瞎猜，此时可能会出现这样的路径，如图 2-2 所示。

有时机器人会无规则地闲逛，甚至循环无意义的操作。把该过程产生的数据整理成表格，如表 2-2 所示。

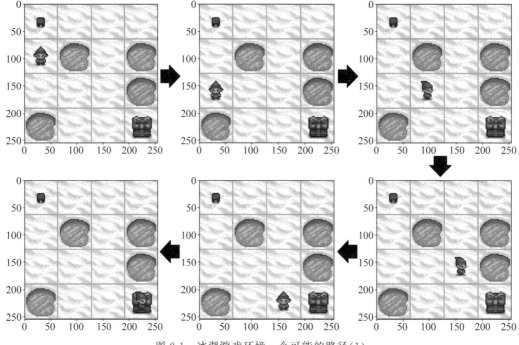

图 2-1　冰湖游戏环境一个可能的路径(1)

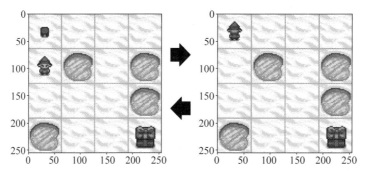

图 2-2　冰湖游戏环境一个可能的路径(2)

表 2-2　游戏过程产生的数据

时　刻	当前行	当前列	动　作	反　馈	到达行	到达列	游戏结束
1	第1行	第1列	下	−1	第2行	第1列	否
2	第2行	第1列	上	−1	第1行	第1列	否
3	第1行	第1列	下	−1	第2行	第1列	否
4	第2行	第1列	上	−1	第1行	第1列	否
5	第1行	第1列	下	−1	第2行	第1列	否
6	第2行	第1列	上	−1	第1行	第1列	否
...							

从表 2-2 可以看出,此时的游戏可以永无止境地玩下去,很显然反馈的总和可以增长到负无穷大,由于反馈的总和是个非常大的负数,所以应该给这些状态下对应的动作都扣分,从而避免出现这样的无限循环,但困难的是由于游戏不结束,所以很难确定应该在何时计算反馈的总和。

为了解决上述难题,现在就可以引出在强化学习中非常重要的一个函数: Q 函数,此处暂时不对 Q 函数做严格的数学定义,本章稍后会做数学上的推导,此处先感性地认识一下 Q 函数。

通过上面举的几个例子,可以发现在强化学习算法的优化过程中,反馈值的总和是一个很重要的参考标准,但是获得反馈值的总和有时很困难,即使是在冰湖这样的一个非常简单的游戏环境中,也可能出现反馈值负无穷大的极端情况。由于计算反馈值总和是困难的,所以提出了使用 Q 函数估算反馈值总和的思路,一个可能的 Q 函数的值如表 2-3 所示。

表 2-3 状态对应 Q 值

行	列	Q 值
第 1 行	第 1 列	
第 1 行	第 2 列	
第 1 行	第 3 列	
第 1 行	第 4 列	
第 2 行	第 1 列	
第 2 行	第 2 列	
第 2 行	第 3 列	
第 2 行	第 4 列	
第 3 行	第 1 列	
第 3 行	第 2 列	
第 3 行	第 3 列	
第 3 行	第 4 列	
第 4 行	第 1 列	-100
第 4 行	第 2 列	-1
第 4 行	第 3 列	0
第 4 行	第 4 列	1

在表 2-3 中,为了简洁起见省略了各个动作的不同的 Q 值。表中仅给出了第 4 行的 Q 值,这些 Q 值表明处于这些状态中估计的能取得的后续反馈的和,其他行的 Q 值采用同样的方法估算,出于简洁起见不再给出。

严格来讲表 2-3 所示的值是 V 函数的值,这里出于简单起见先简单地都视为 Q 函数。

当有了表 2-3 所示的 Q 函数以后,可以发现一局游戏并不需要完全玩到结束,也能估算反馈的总和了,因为在任何状态下都可以调用 Q 函数估计后续反馈值的和,这样就避免了游戏不结束,难以估算反馈的和的情况。

很显然表 2-3 所示的 Q 函数是需要优化的,在刚开始时由于缺乏知识,Q 函数往往是由随机数初始化的,因此需要优化该函数的性能,所以让它更贴近真实的 Q 函数的值。

由于 Q 函数只是用于估算,所以肯定会有偏差,对 Q 函数的优化有很多种方法,本章将要介绍的时序差分方法就是一个主流的方法,为了理解时序差分方法,不妨先考虑一个更简单的情况,如图 2-3 所示。

图 2-3 估计宿舍到教室的步数

一名学生想从宿舍到达教室,中间要路过食堂,第 1 次走时学生也不知道需要多少步,他只能胡乱猜一个数值,此处假设这个数值是 1500 步,接下来学生会实际地进行记录,此处假设结果如图 2-4 所示。

图 2-4 宿舍到教室的实际步数

从宿舍到教室,这条实际的路径一共需要 2000 步,其中宿舍到食堂需要 800 步,食堂到教室需要 1200 步,合计 2000 步。实际的步数和最初的估计步数有出入,显然应该以实际走的步数为准来修正最初的估计,这样下一次在估计步数时就能更加准确。

上面是一次估计、执行动作、获得反馈、修正估计的过程。很显然这样的一段路程,在这名学生的整个学生生涯中要走很多次,经过上面的经验积累,在第 2 次执行时学生的估计应该更准确了,下面来看这名学生第 2 次走这条路的情况,如图 2-5 所示。

图 2-5 第 2 次从宿舍到教室的实际步数

第 2 次估计时考虑了第 1 次积累的经验,估计需要 2000 步,实际上走了 2050 步,依然和估计有一定的误差,但是误差缩小了,说明估计的水平提升了,这是一个好的进步,经过这次经验的积累,又可以再进一步地获得进步了。虽然误差理论上总是存在的,因为结果存在不确定的波动,所以此处的目标是误差最小化。

使用上面的方法来修正 Q 函数看起来工作得很好,但是该方法存在的问题是前面提到过的,它需要实际走完整段路程才能修正最初的估计值,有时这是很困难的。设想一下,如果这段路程不是要走到教室,而是要走到北京,路程可能有几百千米,随着路程越来越远,估计的难度也会越来越大。

想要理解这一点并不困难,越远的路程估计越困难,例如此时此刻笔者正坐在计算机前完成本书的写作,如果要求笔者预测一小时后自己在哪里,笔者大概能猜想到,但是如果要求笔者预测十年后的自己在哪里,难度就会大得多。

为了解决上述获取反馈的路径太长的问题,提出了时序差分方法,下面举一个直观的例子介绍时序差分方法。

2.1　一个直观的例子

关于时序差分笔者见过一个很直观的例子,此处分享给读者,下面依然以学生从宿舍到教室的例子来讲解,如图 2-6 所示。

图 2-6　时序差分示例

一名学生要从宿舍到达食堂,再到达教室。这趟行程预期需要 2000 步。实际走的步数应该和最初的预期有一些误差,根据这中间的误差就可以修正最初的预期值,这样在下次估计时就能够更加准确。

这个例子是非常直观的,也非常浅显,但是如果此行程并没有完全走完呢? 例如从宿舍走到了食堂,然后并没有去教室。对于这样的一个没有完成全程的行程,能不能用来修正最初的预期值呢?

答案是可以的,因为从食堂到教室这段行程,也是可以估计的。从图 2-6 中的例子来看,从食堂到教室估计需要 1000 步,前面的宿舍到食堂这一段实际上已经走完了,走了 800 步,两者相加之后是 1800 步。这个步数与最初估计的 2000 步相比有一些误差,这样的一个包含了估计值的结果,也是可以用来修正最初的预期值的。因为第二份结果当中其实不完全是估计值,还有一部分是实际的数据,而最初的预期值则完全是估计的。

综上所述,虽然第二份数据当中,也有一部分估计值,但它比第一份数据更加可靠,因为第一份数据完全是估计值,第二份数据不完全是估计值,所以认为第二份数据更加可靠,可以使用第二份数据对第一份数据进行修正,这样的思想就叫作时序差分。

理解了这个直观的例子之后,现在来看时序差分的抽象化图,如图 2-7 所示。

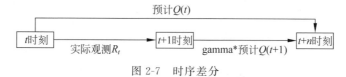

图 2-7　时序差分

图 2-7 是上面举的例子的抽象化,在时刻 t 计算 Q 函数,Q 函数的值完全是估计值,没有一丁点事实成分,然后执行一步,从 t 时刻走到了 $t+1$ 时刻,得到了 R_t,R_t 是一个实际数据,在 $t+1$ 时刻,也可以计算 Q 函数,和前面实际得到的 R_t 加权求和,结果应该和最初预计的 Q 函数相等,如果有误差,使用第二份数据对第一份数据进行修正,因为第二份数据有实际数据,也就是说它并不完全是估计值,但是第一份数据完全是估计值,所以第二份数据更加可靠,应该用第二份数据对第一份数据进行修正。

2.2 数学描述

以上就是时序差分的思想，接下来开始看数学部分，从数学式子分析什么是时序差分。

首先正常地进行一局游戏得到一条正常的轨迹，此处只看回报的部分，应该是从 R_0 一直到 R_n，如式(2-1) 所示。

$$R_0, \cdots, R_t, \cdots, R_n \tag{2-1}$$

接下来定义 U 函数，这个函数的意思是在 t 时刻对后续所有折扣回报的和，表达式如式(2-2)所示。

$$U_t = R_t + \text{gamma} \cdot R_{t+1} + \text{gamma}^2 \cdot R_{t+2} + \cdots + \text{gamma}^n \cdot R_n \tag{2-2}$$

式(2-2)中的 gamma 是一个 $0\sim1$ 的小数。大体上来看，U 函数是对每个回报进行加权求和，每步的回报都有一个权重，并且越远越小，因为越远的回报对目前的影响越小，最关心的是目前的回报，下一步的回报权重就会减轻，越往后减轻得越厉害。

这是容易理解的，因为越遥远的未来，不确定性越大，可靠度越低，所以在计算 U 函数时，回报的权重应该随着时间降低，变量 gamma 衡量了权重降低的速度。

接下来看 Q 函数，Q 函数是 U 函数的期望，不过期望中限定了 state 和 action，Q 函数的定义如式(2-3)所示。

$$Q(s_t, a_t) = E\left[U_t \mid S_t = s_t, A_t = a_t\right] \tag{2-3}$$

从式(2-3)可以看出，Q 函数要计算的是在特定状态下执行特定动作，后续可以得到所有回报的加权和的期望，或者说能够计算得到 U 函数的期望。

从 Q 函数的定义可以看出，它能够比较在某种状态下执行各个动作的优劣，此处假设动作数量是可数的，只要枚举所有动作的计算结果，比较大小就可以求出最优动作。

有了 Q 函数以后想要进行决策就简单了，简单地根据 Q 函数的计算结果进行决策就可以了，例如在某种状态下有 3 个动作，分别计算 3 个动作的 Q 值，然后取最高的值执行就可以了，如式(2-4)所示。

$$Q(s_t, \text{left}) = 370, \quad Q(s_t, \text{right}) = -21, \quad Q(s_t, \text{up}) = 610 \tag{2-4}$$

从式(2-4)可以看出，此时执行动作 up 的 Q 值是最高的，这意味着此时执行 up 这个动作可以得到后续折扣回报的和的期望是最高的，因此应该执行 up 这个动作。

2.3 精确计算 Q 函数是困难的

综上所述，只要有了精确的 Q 函数，就可以在各种情况下求最优动作，也就能工作得很好，但事情总是不会很完美，下面论述为什么求精确的 Q 函数大多数时候是困难的。举一个下围棋的例子来说明，如图 2-8 所示。

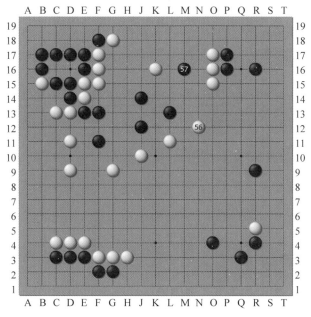

图 2-8　围棋棋盘实例

　　常规的围棋棋盘是 19 行×19 列＝361 个落点,也就是说,在开局时,双方都还没有任何落子,第 1 个棋子的落点共有 361 种可能,这意味着在第 1 步时,共有 1 种状态,也就是空棋盘的状态,不存在其他的任何状态,动作空间共有 361 种可能的动作。

　　如果围棋只下第 1 步就能决定胜负,则 *Q* 函数计算的过程是简单的,最多只需计算 361 次,但不幸的是围棋是一个轮次博弈游戏,要走很多步才能决出胜负,按照上述思路,再来考虑第 2 步可能的计算过程。

　　在第 2 步时,共有 361 种可能的状态,也就是第 1 步的动作空间,每种状态下,均有 360 种可能的动作。

　　在第 3 步时,共有 361×360＝129 960 种可能的状态,也就是第 1 步的动作空间×第 2 步的动作空间,每种状态下,均有 359 种可能的动作。

　　容易发现,随着步数的增加,计算的复杂度呈指数级增长,更加不幸的是,一局围棋游戏需要走很多步才能决出胜负,这意味着在这个指数函数中,指数的部分很大,最终这个函数的计算结果将是一个天文数字,这个数字如此之大,以至于人类现有的计算力无法在可接受的时间内计算完成。

　　要想削减这个函数的复杂度,过去人们发明了很多行之有效的方法,例如搜索树剪枝,以及寻找搜索树中的稳定点等。这些方法可以应用在象棋类游戏中,因为象棋类游戏的动作空间不大,可以暴力搜索,但是围棋的动作空间太大,步数也太多,仅使用这些传统方法无法解决计算复杂度的问题。

　　要想削减一个指数函数的复杂度,最有效的方法是削减其指数部分。如果围棋只要下 1 步就能决定胜负,则复杂度将会大大下降。顺着这个思路考虑,虽然围棋无法只下 1 步就决定胜负,但是可以在每步估计局面的优劣。

重新考虑第 1 步时的情况,此时棋盘为空,动作空间共有 361 种可能的动作。根据人类下棋的经验,其中大多数的动作是缺乏意义的,下在 4 个星位和靠近星位的概率很高。

为什么人类会有这样的经验总结呢? 难道人类在下第 1 步时就已经解开了那个超级复杂的函数,看到了最后一步的胜利吗? 很显然不是,人类在下完第 1 步后会评估局面的优劣,下在星位的局面对后续的博弈更有利,所以这里人类的思考深度,最浅只需 1 步。

也就是说,在人类的脑海里有一个模糊的 Q 函数,这个 Q 函数指导着人类对各个不同的动作进行评估,进而选择 Q 值最大的动作执行动作,这个 Q 函数的精确度决定了不同人类下棋的水平高低。

综上所述,在强化学习任务中,主要的目标是求 Q 函数,并且提高 Q 函数的精确度,想要计算精确的 Q 函数是困难的,只能求 Q 函数的近似值。

2.4 寻求 Q 函数

应该如何寻求一个尽量精确的 Q 函数呢? 这不难,可以使用前面介绍过的时序差分方法。假设现在是时刻 0,有 s_0、a_0、r_0、s_1、a_1,也就是时刻 0 的状态时刻 0 的动作、时刻 0 的回报及时刻 1 的状态、时刻 1 的动作。首先计算时刻 0 的价值,直接使用 Q 函数进行计算就可以了,如式(2-5)所示。

$$\text{value} = Q(s_0, a_0) \tag{2-5}$$

将式(2-5)的计算结果定义为 value,根据 Q 函数的定义,value 应该等于式(2-6)的计算结果。

$$\text{target} = r_0 + \text{gamma} \cdot Q(s_1, a_1) \tag{2-6}$$

将式(2-6)的计算结果定义为 target,回忆一下 U 函数的定义,如式(2-2)所示,可以看出 value 和 target 应该是相等的。

不知读者是否发现,这里计算出来的 value 和 target,虽然从定义上来讲应该是相等的,但是如果有误差,则应该如何来修正呢? 注意到 value 完全是估计值,而 target 有一步事实数据,所以认为 target 比 value 更加可靠,应该让 value 靠近 target,这个思想就是前面介绍过的时序差分。

再来回忆一下 U 函数的定义,如式(2-2)所示,U 函数对每步的回报进行加权求和,计算出来的 value 其实就是 Q 函数,Q 函数是 U 函数的期望,此处对 U 函数进行变形,得到式(2-7)。

$$U_t = R_t + \text{gamma} \cdot \sum_{k=t+1}^{n} \text{gamma}^{k-t-1} \cdot R_k \tag{2-7}$$

式(2-7)还可以进一步化简,注意到后半部分连加的部分也可以使用 U 函数来定义,如式(2-8)所示。

$$U_t = R_t + \text{gamma} \cdot U_{t+1} \tag{2-8}$$

从式(2-7)和式(2-8)可以看出计算的结果就是 target，等价于式(2-6)，是有一步事实数据的 *U* 函数的期望，结合 value 和 target 的定义可以发现 target 有一步事实数据，所以更加可靠，应该以 target 来修正 value。

反复执行以上优化过程，最终就可以求出近似的 *Q* 函数，进而能够指导动作的决策，最终也就能处理好各种可能的情况了，以上就是使用时序差分方法寻求 *Q* 函数的过程。

2.5　小结

本章通过几个感性的例子向读者讲解了强化学习算法优化的一般过程，向读者论述了为什么需要 *Q* 函数，以及在反馈稀疏的环境中如何利用时序差分方法优化 *Q* 函数。论证了为什么精确计算 *Q* 函数是困难的。最终从数学层面推理了 *Q* 函数的定义。

基础算法篇

第 3 章

基于表格的强化学习方法

通过前面章节的学习，相信读者已经大致理解了 Q 函数的意义，以及如何使用时序差分方法来优化 Q 函数。根据 Q 函数的定义，只要 Q 函数的计算精度足够高，就能在各种状态下计算最优的动作，从而玩好游戏，取得好成绩。

理解了这些理论知识之后相信读者和笔者一样跃跃欲试，让我们试一试前面的理论是否成立，通过一个实际的实验来检验。

3.1　代码运行环境说明

从本章开始，本书将进入代码实战的内容，读者搭建好运行环境以后，跟随本书的代码开始调试代码，在强化学习的过程中调试代码是必不可少的，所谓"纸上得来终觉浅，绝知此事须躬行"，实际调试代码能帮助读者更好地理解算法的运算过程，务必躬行。

本书的代码在以下环境中测试无误，读者应尽量和以下环境保持一致，避免不必要的环境调试。

表 3-1 中的 Python 和 PyTorch 的版本号并不是特别敏感，一般来讲不同版本的 Python 和 PyTorch 也可以正常运行，如果读者使用不同版本的 Python 或者 PyTorch 运行出错，则建议使用表 3-1 中的版本再试。

表 3-1　本书代码运行环境

包	版　本
Python	3.9
PyTorch	1.12.1(CPU)
Gym	0.26.2
pettingzoo	1.23.1

表 3-1 中特别注明了 PyTorch 使用 CPU 版本，其实使用 GPU 版本也是可以的，只是本书的重点是对原理层面进行讲解，实战代码主要用于理论验证，所以不是在特别复杂的游戏环境中验证，计算量不大，使用 CPU 计算也是可以接受的。考虑到 GPU 版本的 PyTorch 比较复杂，更加推荐读者使用 CPU 来运行本书的代码。

表 3-1 中的 Gym 包的版本比较敏感,推荐使用表中推荐的版本,如果不一致,则很容易抛出异常。

本书的代码主要在 Jupyter Notebook 环境中运行,建议读者使用该环境运行,可以很方便地看到游戏运行的动画。

3.2 游戏环境

3.2.1 Gym 包介绍

既然要实际地运行强化学习的程序,当然需要一个让强化学习程序活动的空间,这个空间就是要求解的游戏环境,创建虚拟游戏环境,有一个在强化学习领域非常流行的工具包,叫作 Gym,如图 3-1 所示。

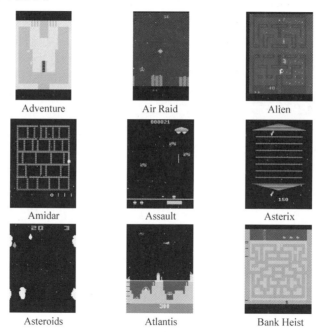

图 3-1　Gym 提供的部分游戏环境

由于 Gym 包提供了很多虚拟的游戏环境,并且提供了简单的接口,所以能方便地和这些环境交互,获取环境中的状态等,学习强化学习 Gym 包几乎是必备的。

3.2.2 定义游戏环境

本章所需要使用的游戏环境也是由 Gym 包提供的,事实上读者在前面章节中已经见过该游戏环境,也就是前面介绍过的冰湖游戏环境,使用 Gym 包获取该游戏环境十分简单,代码如下:

```
#第 3 章/定义环境
import gym


class MyWrapper(gym.Wrapper):

    def __init__(self):
        #is_slippery 控制会不会滑动
        env = gym.make('FrozenLake-v1',
                       render_mode='rgb_array',
                       is_slippery=False)

        super().__init__(env)
        self.env = env

    def reset(self):
        state, _ = self.env.reset()
        return state

    def step(self, action):
        state, reward, terminated, truncated, info = self.env.step(action)
        over = terminated or truncated

        #走一步扣一分,逼迫机器人尽快结束游戏
        if not over:
            reward = -1

        #掉坑扣 100 分
        if over and reward == 0:
            reward = -100

        return state, reward, over

    #打印游戏图像
    def show(self):
        from matplotlib import pyplot as plt
        plt.figure(figsize=(3, 3))
        plt.imshow(self.env.render())
        plt.show()


env = MyWrapper()

env.reset()

env.show()
```

以上代码的运行结果如图1-4所示。

虽然在前面已经大致介绍过该游戏环境,但是考虑章节的独立性,此处再简单地对该环境进行介绍。该环境的特征大致如下:

(1) 该游戏的目标是控制小人获得礼物,中途不能掉到坑里。

(2) 可以看出该游戏环境有4行4列共16个格子。

(3) 小人的动作空间是上、下、左、右4个动作。

(4) 这个游戏有两种判定结束的方式,一种是小人获得礼物,另一种是小人掉进了坑里。

观察该游戏环境,可以发现这个游戏可以被无止境地玩下去,例如反复地左右来回走,可能会出现永远不结束的玩法,为了防止这种情况的发生,在环境定义的代码中给每步走在地面的动作都设定一个较小的负反馈值,此处设定为−1分,这样做是为了告诉机器人要尽快结束游戏,因为每走一步都会造成−1的负反馈,这样可以强迫机器尽快结束游戏,避免无意义地来回走动,游戏结束得越快越好,尽量使用最少的步数来获得礼物。

为了告诉这个机器人不要掉到坑里,可以在掉坑时给予反馈−100分,这样可以告诉机器人要尽量避免掉到坑里。

综上所述,这个游戏的目标是以最少的步数完成游戏,尽量以获得礼物的形式结束游戏,而不是掉到坑里。

3.2.3 游戏环境操作方法介绍

游戏的环境定义好了,也许读者想试试自己玩这个游戏,下面给出该游戏的操作方法,代码如下:

```
#第 3 章/试玩游戏
env.reset()


action = 1
next_state, reward, over = env.step(action)
print(next_state, reward, over)


env.show()
```

在上面这段代码中,首先调用了环境的 reset()函数,这个函数能把游戏复位,也就是回到最初的状态。

然后定义了 action=1,action 就是动作,在冰湖游戏环境中一共有 4 种动作,分别是上、下、左、右,分别使用数字 0、1、2、3 来表示。这里简单地定义了 action=1,表示向下走一步的动作。

接着调用环境的 step()函数,表明要在环境中执行一个动作,该函数接受一个动作作为参数,这里输入前面定义好的 action 即可。

step()函数有 3 个返回值,分别是 next_state、reward、over,下面分别说明这 3 个值的含义。

(1) next_state:执行动作之后环境的状态发生了改变,next_state 即改变后的状态,也就是下一个时刻的 state。

(2) reward:执行动作之后环境会给予一个反馈,以告诉机器人这一步动作有多好,或者有多不好,这个反馈即 reward。

(3) over:执行动作可能会导致游戏结束,例如掉进坑里,或者获得礼物,变量 over 表明到此时此刻为止,游戏是否已经结束,所以 over 为布尔值。

这样就完成了一步动作的调用,下面是输出的内容:

```
4 -1 False
```

从上面的输出可以看出,在游戏环境的初始状态下执行 1 这个动作,将导致状态变化为 4,环境给予了反馈-1,这一步动作的执行并没有导致游戏结束。

最后调用了环境的 show()函数,这会打印游戏的图像,输出如图 3-2 所示。

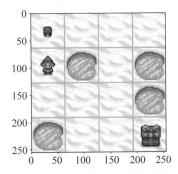

图 3-2　执行动作 1 之后的冰湖游戏环境

小人确实往下走了一格,所以动作执行是成功的。重复上述步骤就可以手动玩这个游戏了。

3.3　定义 Q 表

如本章标题所写,本章要使用基于表格的方式来求解强化学习问题,对于图 3-2 所示的冰湖游戏环境,由于复杂度比较低,所以可以使用表格来求解,后续会有基于神经网络的方式来求解,用于应对更复杂的游戏环境。

既然要基于表格求解,此处先把要求解的表格定义出来,根据前两章节的学习,了解到在强化学习任务中,主要的任务往往就是求解 Q 表,而 Q 表的定义,是指在所有状态下做出所有动作的预估分数,如表 3-2 所示。

表 3-2   冰湖环境的 Q 表

行	列	上	下	左	右
第1行	第1列	0	0	0	0
第1行	第2列	0	0	0	0
第1行	第3列	0	0	0	0
第1行	第4列	0	0	0	0
第2行	第1列	0	0	0	0
第2行	第2列	0	0	0	0
第2行	第3列	0	0	0	0
第2行	第4列	0	0	0	0
第3行	第1列	0	0	0	0
第3行	第2列	0	0	0	0
第3行	第3列	0	0	0	0
第3行	第4列	0	0	0	0
第4行	第1列	0	0	0	0
第4行	第2列	0	0	0	0
第4行	第3列	0	0	0	0
第4行	第4列	0	0	0	0

如表 3-2 所示，Q 表评估了在各种状态下做各个动作的分数，此时此刻 Q 表还是空的，没有填充内容，在后续的训练过程中将逐渐修正该 Q 表，最终机器人的行动就是根据该 Q 表决定的，所以 Q 表的质量决定了算法的性能。

定义 Q 表的代码如下：

```
#第 2 章/初始化 Q 表
import numpy as np

#定义了每种状态下每个动作的价值
Q = np.zeros((16, 4))

Q
```

运行结果如下：

```
array([[0., 0., 0., 0.],
       [0., 0., 0., 0.],
       [0., 0., 0., 0.],
       [0., 0., 0., 0.],
       [0., 0., 0., 0.],
       [0., 0., 0., 0.],
       [0., 0., 0., 0.],
       [0., 0., 0., 0.],
       [0., 0., 0., 0.],
       [0., 0., 0., 0.],
```

```
          [0., 0., 0., 0.],
          [0., 0., 0., 0.],
          [0., 0., 0., 0.],
          [0., 0., 0., 0.],
          [0., 0., 0., 0.],
          [0., 0., 0., 0.]])
```

Q 表定义了每种状态下执行每个动作的价值,从图 3-2 可以看出,游戏环境共有 $4 \times 4 =$ 16 种状态,在每种状态当中都可以做上、下、左、右 4 个动作,所以 Q 表是 16×4 的矩阵,初始化时让值全部为 0 即可。

此时的 Q 表还是初始化状态,最终目标是要在 Q 表当中计算出 Q 函数的值。

3.4　强化学习的一般过程

强化学习算法有很多种,但是万变不离其宗,大多数算法遵循以下一般过程,如图 3-3 所示。

在强化学习算法的整个工作过程中,一般要经历这样一个循环:

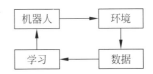

图 3-3　强化学习的一般过程

(1) 机器人和环境交互。

(2) 环境状态改变,产生反馈等数据。

(3) 机器人从环境产生的这些数据中学习、进步。

(4) 学习后的机器人使用不同的策略和环境交互。

(5) 由于机器人的策略发生了改变,所以环境也会产生不同的数据。

(6) 机器人再次从这些数据中学习、进步。

(7) 重复以上步骤,直至机器人停止进步,这意味着机器人的能力已经达到极限。

3.4.1　数据池的必要性

通过以上步骤的梳理可以发现,在整个训练过程中机器人要反复多次地和环境交互,这样才能产生数据,进而学习、进步。

在 Gym 这样的轻量式的环境中这样做也许问题不大,因为环境的交互速度很快,不会占用大量的计算资源,但是在复杂的环境中,和环境交互的成本可能很高,例如在某些驾驶模拟环境中,"左转方向盘"这个动作的执行可能就需要 1s 时间,1s 已经是一个让人无法忍受的漫长时间了,因为在整个训练过程中这样的动作可能要执行成千上万次,累计起来这样的成千上万个 1s,总和时间可能会漫长到以年计算。显然我们不愿意在这种事情上消耗如此漫长的宝贵时间。

从上面的说明可以看出,和环境每次交互产生的数据都可能是非常珍贵的,如果仅用于一次学习就丢弃,显然是一种巨大的浪费,如果能把这些数据收集起来,反复地从这些数据中学习,从而减少和环境交互的次数,则将是很有帮助的。

因此,提出了数据池的概念,在有数据池的强化学习算法中,学习的一般过程如图 3-4 所示。

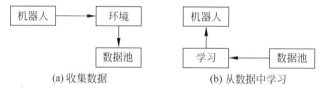

(a) 收集数据   (b) 从数据中学习

图 3-4   有数据池的学习

对比图 3-3,从图 3-4 可以看出,强化学习的循环分成了两部分,分别是和环境交互产生数据,以及从积累的数据中学习两个步骤。

通过如图 3-4 的修改,数据的利用率提高了,理论上一条数据可以被反复地学习无限多次。看起来很美好,但是读者可以思考一下,这样的改造是否会存在隐患呢?

3.4.2   异策略和同策略

下面论述该过程中存在的问题,让我们分步来叙述,第 1 步如图 3-5 所示。

图 3-5   第 1 步有数据池的学习

在第 1 步,机器人和环境交互产生数据,并归入数据池,这看起来没有什么问题。接下来看第 2 步的情况,如图 3-6 所示。

图 3-6   第 2 步有数据池的学习

在第 2 步,机器人从数据中学习,此时机器人的参数发生改变,也就是说,此时的机器人和第 1 步中的机器人已经不是同一个机器人了,它们的行为是不同的。接下来看第 3 步时的情况,如图 3-7 所示。

图 3-7   第 3 步有数据池的学习

在第 3 步,学习后的机器人继续和环境交互,产生的数据继续归入数据池,此时的数据池里有两个机器人和环境交互产生的数据,分别是第 1 步的机器人和第 2 步的机器人,这些数据混杂在一起,共同对后续机器人的学习产生影响,接下来看第 4 步的情况,如图 3-8 所示。

图 3-8   第 4 步有数据池的学习

　　在第 4 步,问题产生了,机器人要从数据池中积累的数据中学习,但是这些数据并不都来自上一步且由自己产生的,有些算法无法从不是自己产生的数据中学习,而有些算法则可以。

　　自此出现了强化学习算法的一个分水岭,只能从自己产生的数据中学习的算法被称为同策略算法,而可以从不是自己产生的数据中学习的算法则被称为异策略算法。

　　为了理解这两种算法的差异性,下面举一个感性的例子来说明,如图 3-9 所示。

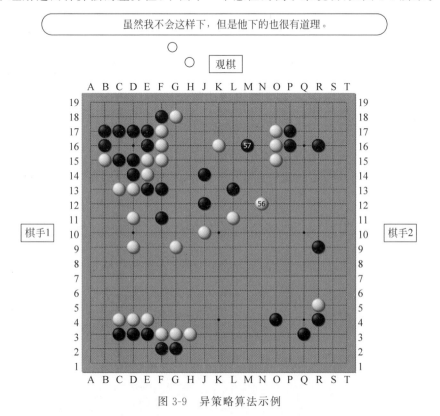

图 3-9　异策略算法示例

　　异策略算法像是从观棋中学习的棋手,通过大量阅读别人的走法来总结经验教训,这样它即使不去下棋,也能获得进步,这有点像是"熟读唐诗三百首,不会写诗也会吟"。通过不断地学习他人玩出来的数据,机器人自身也可以得到进步。

　　如果异策略是通过大量地从别人下棋的过程来学习下棋,则同策略就是真实地在下棋,通过不断地和对手切磋来精进自己的棋艺,它通过复盘自己的棋谱来总结经验教训,从而获得进步,如图 3-10 所示。

　　异策略算法和同策略算法都有各自的应用场景和各自擅长处理的问题,本章后续会分别介绍一个异策略算法和一个同策略算法。

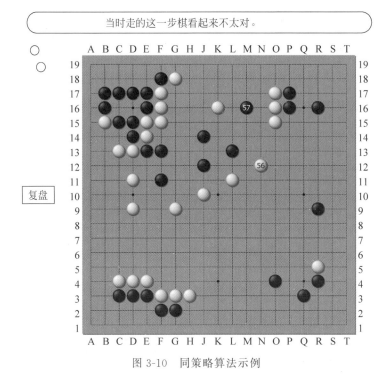

图 3-10　同策略算法示例

3.5　定义 play 函数和数据池

3.5.1　定义 play 函数

综上所述,在整个算法的训练过程中,可能需要玩很多局游戏,并且需要把玩游戏的过程记录成数据,为了便于处理这些工作,定义一个 play() 函数,代码如下:

```
#第 3 章/定义 play 函数
from IPython import display
import random


#玩一局游戏并记录数据
def play(show=False):
    data = []
    reward_sum = 0

    state = env.reset()
    over = False
    while not over:
        action = Q[state].argmax()
        if random.random() < 0.1:
```

```
        action = env.action_space.sample()

    next_state, reward, over = env.step(action)

    data.append((state, action, reward, next_state, over))
    reward_sum += reward

    state = next_state

    if show:
        display.clear_output(wait=True)
        env.show()

return data, reward_sum


play()[-1]
```

play()函数每调用一次就会玩一局游戏,并且把游戏的数据记录下来,play()函数在具体的实现过程中可以重点注意一下代码中加粗的部分,该部分是根据 state 计算一个 action 的过程。

要计算一个 action 需要有一个 state,在 play()函数的实现中,该计算过程就是简单地在 Q 表当中查询该 state 下分数最高的 action,最后取该动作执行即可。

值得注意的是,不是所有算法都会使用这种方法计算 action。此处演示的是 QLearning(Q 学习)算法采取的计算方法。

因为不希望机器人太过于死板,一般会给动作增加一定的随机性,例如有 10％的概率采取随机的动作,以上就是 play()函数的定义。该函数在后续的章节中会反复使用,读者务必熟悉该函数的实现过程。

也许读者会好奇调用一次 play()函数,它能收集到什么样的数据,下面是一局游戏的示例,如表 3-3 所示。

表 3-3　play()函数收集到的一局游戏的数据

state	action	reward	next state	over
0	0	−1	0	False
0	0	−1	0	False
0	0	−1	0	False
0	1	−1	4	False
4	0	−1	4	False
4	0	−1	4	False
4	0	−1	4	False
4	0	−1	4	False
4	0	−1	4	False

state	action	reward	next state	over
4	0	−1	4	False
4	0	−1	4	False
4	0	−1	4	False
4	0	−1	4	False
4	0	−1	4	False
4	0	−1	4	False
4	0	−1	4	False
4	0	−1	4	False
...				

篇幅所限,此处不给出游戏环境的动画了,但从表 3-3 也能看出来,机器人几乎是在无意义地乱走。由于篇幅原因,表 3-3 的内容并没有给全,但最后一条数据的 over 字段一定是 True,只有该字段为 True,才能说明一局游戏游玩结束了。

3.5.2 定义数据池

有了 play()函数以后,可以很方便地采集玩游戏过程中得到的数据,为了便于管理这些数据,还需要定义一个数据池,数据池可以让机器人从过去的自己的那些数据中反复学习,提高数据的利用率,做到温故而知新。定义数据池的代码如下:

```
#第 3 章/定义数据池
class Pool:

    def __init__(self):
        self.pool = []

    def __len__(self):
        return len(self.pool)

    def __getitem__(self, i):
        return self.pool[i]

    #更新动作池
    def update(self):
        #每次更新不少于 N 条新数据
        old_len = len(self.pool)
        while len(pool) - old_len < 200:
            self.pool.extend(play()[0])

        #只保留最新的 N 条数据
        self.pool = self.pool[-1_0000:]

    #获取一批数据样本
```

```
    def sample(self):
        return random.choice(self.pool)


pool = Pool()
pool.update()

len(pool), pool[0]
```

数据池的功能是收集数据、采样数据。数据池收集数据的方式就是调用前面定义的 play() 函数。

数据池的采样功能是从数据池中随机地抽取一条数据。由于本章的任务比较简单,所以此处不涉及批采样的功能,每次仅采样一条数据即可,在后续章节中会要求数据池每次采样都采样 N 条数据。

下面是一条本章定义的数据池采样到的数据样例,如表 3-4 所示。

表 3-4　数据池采样到的一条数据

state	action	reward	next state	over
4	0	−1	4	False

从表 3-4 可以看出,采样的结果是一步动作的结果,数据中包括 5 个字段,分别是 state、action、reward、next state、over。后续将会在这 5 个字段的基础上研发强化学习算法。

3.6　使用时序差分方法更新 Q 表

回顾上面的准备工作,到此处为止,已经准备好了以下工具组件:

(1) 冰湖游戏环境。

(2) Q 表,一共有 $4 \times 4 = 16$ 种状态,每种状态可以做出上、下、左、右 4 个动作,所以 Q 表是一个 16×4 的矩阵,初始化为全 0。

(3) play() 函数,每调用一次会根据 Q 表中记录的策略玩一局游戏,并收集一局游戏的数据。

(4) 数据池,它负责调用 play() 函数,并收集 play() 函数返回的数据,数据池还具有数据采样的功能,每次采样获得 state、action、reward、next state、over 各一条。

回顾以上这些工作组件,可以看出重点在于 Q 表记录的数据,它决定了机器人能不能在冰湖这个游戏环境中表现得好,所以需要对 Q 表的数据进行优化,QLearning 算法正是完成这项工作的一个算法。

要理解 QLearning 算法的原理,首先回顾一下 Q 函数的定义,如式(3-1)所示。

$$Q(s_t, a_t) = E\left[R_t + \text{gamma} \cdot R_{t+1} + \text{gamma}^2 \cdot R_{t+2} + \cdots + \text{gamma}^{n-t} \cdot R_n\right] \quad (3\text{-}1)$$

从式(3-1)可以看出,Q 函数计算的是在 s_t 状态下,执行 a_t 动作,后续可以得到折扣回报的和的期望,关于这一点读者如果不清楚,则可以回顾第 2 章的内容。

如果对式(3-1)进行变形,则可以得到式(3-2)

$$Q(s_t, a_t) = R_t + E\left[\text{gamma} \cdot R_{t+1} + \text{gamma}^2 \cdot R_{t+2} + \cdots + \text{gamma}^{n-t} \cdot R_n\right] \quad (3\text{-}2)$$

式(3-2)只是把式(3-1)中的 R_t 提到了期望的外面,因为在实际优化过程中 R_t 是个可以获得的实际数据,不需要估计,关于这一点可以回顾数据池采样的结果,其中包括了 reward 数据,这个数据是可以实际获取的,不需要估计,所以不需要包括在期望函数中。

下面对式(3-2)进一步地进行化简,得到式(3-3)

$$Q(s_t, a_t) = R_t + \text{gamma} \cdot Q(s_{t+1}, a_{t+1}) \quad (3\text{-}3)$$

根据 Q 函数的定义,式(3-3)显然是成立的。此时可以发现一个有趣的现象,从数学定义上,式(3-3)等号左右两边是相等关系,但注意到 Q 函数本身是一个带期望的估计函数,它的估计是有误差的,所以式(3-3)等号两边的估计误差可以不一致,此时等号的两边显然就不相等了,这时,误差产生了。

根据第 2 章讲解的时序差分理论,读者应该已经注意到应该以谁为准修正 Q 函数的误差了。

注意到式(3-3)等号两边都是 Q 函数估计的结果,但是等号的左边完全是估计值,没有一丁点儿的事实成分,而等号的右边包括了一步的事实数据 R_t,所以很显然,等号右边的估计值更可靠。

根据时序差分理论,应该以等号右边为准修正 Q 函数的估计值。使用时序差分方法修正 Q 函数的方法如式(3-4)所示。

$$\begin{cases} \text{value} = Q(s_t, a_t) \\ \text{target} = R_t + \text{gamma} \cdot Q(s_{t+1}, a_{t+1}) \\ \text{td} = \text{target} - \text{value} \\ Q(s_t, a_t) = Q(s_t, a_t) \cdot \text{alpha} \cdot \text{td} \end{cases} \quad (3\text{-}4)$$

式(3-4)中的 alpha 类似于学习率,以上方法就被称为时序差分方法。

3.7 QLearning 算法

做完以上准备工作后,终于可以进入本书的第 1 个实战的强化学习算法了,即 QLearning(Q 学习)算法,QLearning 算法可以说是强化学习算法当中最简单、最基础的算法,也是最好理解的算法,所以本书选择以该算法作为强化学习体系的切入例子,向读者介绍强化学习算法的一般过程。

QLearning 算法是一种异策略算法,也就是说 QLearning 算法通过围观他人的棋局来精进自己的棋艺,所以 QLearning 算法有一个很明显的优点,也就是对数据的利用率高,可以从非自身产生的数据中学习,可以使用数据池提高数据的利用率。

回顾式(3-3)可以发现一处矛盾,在等号的右边需要变量 a_{t+1},这对 QLearning 算法是困难的,因为 QLearning 算法是异策略算法,它获得的数据可能不是自身产生的,所以在

s_{t+1} 这种状态下,它不一定会做出 a_{t+1} 这个动作,所以计算 a_{t+1} 的 Q 值对它来讲是缺乏意义的,甚至是一种误导。

QLearning 算法是如何解决上述矛盾的呢?事实上 QLearning 算法在这里采用了一种笔者认为简单的方法,即求所有动作中 Q 值最大的。如式(3-5)所示。

$$Q(s_t, a_t) = R_t + gamma \cdot max \rightarrow Q(s_{t+1}, *) \tag{3-5}$$

从式(3-5)可以看出,在 QLearning 算法中,在 target 的部分中,它直接求所有动作中分值最高的值作为 Q 值,这样就成功地消去了变量 a_{t+1},但也导致了后续的过高估计的问题,这一点在后续的章节中再来展开。总之通过上述改造,QLearning 算法成功地把自己变成了一个异策略算法,可以享受数据池带来的好处。

了解了以上理论以后,现在可以着手实现 QLearning 算法了,代码如下:

```
#第 3 章/训练
def train():
    #共更新 N 轮数据
    for epoch in range(1000):
        pool.update()

        #每次更新数据后,训练 N 次
        for i in range(200):

            #随机抽一条数据
            state, action, reward, next_state, over = pool.sample()

            #Q 矩阵当前估计的 state 下 action 的价值
            value = Q[state, action]

            #实际玩了之后得到的 reward+下一种状态的价值*0.9
            target = reward + Q[next_state].max() *0.9

            #value 和 target 应该是相等的,说明 Q 矩阵的评估准确
            #如果有误差,则应该以 target 为准更新 Q 表,修正它的偏差
            #这就是 TD 误差,指评估值之间的偏差,以实际成分高的评估为准进行修正
            update = (target - value) *0.1

            #更新 Q 表
            Q[state, action] += update

        if epoch % 100 == 0:
            print(epoch, len(pool), play()[-1])


train()
```

训练过程概述如下:

(1) 整个在训练过程中共有 1000 个 epoch。

（2）在每个 epoch 当中让数据池更新一批数据，所以在整个训练过程中一共会更新 1000 次数据，每次会更新 200 条左右的数据，每次更新过数据之后训练 200 次。

（3）每次训练的过程会从数据池当中随机抽取一条数据，以该数据计算 value 和 target。

（4）value 比较简单，直接地使用 Q 表查询即可，即式（3-5）的左边部分。

（5）target 的计算过程即式（3-5）的右边部分。

（6）注意 target 计算过程中的 max，这是 QLearning 算法的重点，在 QLearning 算法中 next state 的价值直接取 next state 所有 4 个动作的最高价值，在 SARSA 算法中不会这样做。

（7）理想情况 target 和 value 应该相等，如果两者有误差，则根据时序差分的思想，应该以 target 来修正 value，因为 target 当中有一步的事实数据，而 value 则完全是估计值，所以认为 target 更加可靠。

（8）让 value 和 target 做差，乘以 learning rate 得到要修正的误差，更新到 Q 表当中即可。

以上就是 Q 函数的训练过程，在训练过程中的输出如下：

```
0 513 -199
100 10000 -4.0
200 10000 -103
300 10000 -103
400 10000 -4.0
500 10000 -6.0
600 10000 -4.0
700 10000 -101
800 10000 -6.0
900 10000 -4.0
```

在输出的内容当中，重点关注最后一列数值，这个数值是测试的结果，可以看到最开始的时候测试得了 −199 分，在之后的测试过程中，几乎每局得 −4、−5 分，可见训练的过程是有效的。

训练完成以后，可以测试一局游戏并打印动画，查看机器人玩游戏的水平，代码如下：

```
#第 2 章/测试训练好的模型，并打印动画
play(True)[-1]
```

运行的结果如图 3-11 所示。

训练完成后的机器人玩游戏的水平有了显著提升，可见训练的过程是有效并正确的。

以上就是 QLearning 算法实现和训练的过程，可见该算法还是比较简单的，训练的速度也很快，虽然这个算法的内容比较简单，但读者应该好好地掌握该算法的内容，由于这是本书介绍的第 1 个算法，后续很多算法的代码结构和 QLearning 是一样的，所以熟悉 QLearning 算法的代码结构很重要。

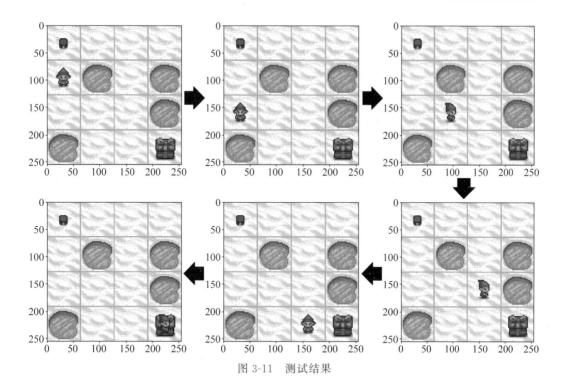

图 3-11　测试结果

3.8　SARSA 算法

上面介绍了 QLearning 算法,下面介绍经常和 QLearning 放在一起的 SARSA(State Action Reward next State next Action)算法,这两个算法如此相似,以至于从 QLearning 算法修改到 SARSA 算法只需改动两行代码。

虽然 SARSA 和 QLearning 看起来非常相似,但其实它们是完全不同的算法,稍后展开叙述,这里先跳过复杂的理论部分,直接给出 SARSA 算法的代码实现,代码如下:

```
#第 3 章/训练
def train():
    #共更新 N 轮数据
    for epoch in range(2000):
        pool.update()

        #每次更新数据后训练 N 次
        for i in range(200):

            #随机抽一条数据
            state, action, reward, next_state, over = pool.sample()

            #Q 矩阵当前估计的 state 下 action 的价值
```

```
        value = Q[state, action]

        #求下一个动作,这是和 Q 学习唯一的区别点
        next_action = Q[next_state].argmax()

        #实际玩了之后得到的 reward+下一种状态的价值*0.9
        target = reward + Q[next_state, next_action] *0.9

        #value 和 target 应该是相等的,说明 Q 矩阵的评估准确
        #如果有误差,则应该以 target 为准更新 Q 表,修正它的偏差
        #这就是 TD 误差,指评估值之间的偏差,以实际成分高的评估为准进行修正
        update = (target - value) *0.02

        #更新 Q 表
        Q[state, action] += update

    if epoch % 100 == 0:
        print(epoch, len(pool), play()[-1])


train()
```

上面的代码需要注意加粗的部分,这两行是 SARSA 算法和 QLearning 算法代码实现上仅有的区别。

因为在本章所使用的游戏环境比较简单,所以 Q 表也比较简单,导致这里的计算感觉有点多余,但如果是在一个比较复杂的游戏环境下,则可能会导致 Q 表非常复杂,求出的下一个时刻的动作可能就不是 max 了。

在训练过程中的输出如下:

```
0 554 -116
100 10000 -4.0
200 10000 -6.0
300 10000 -6.0
400 10000 -5.0
500 10000 -5.0
600 10000 -105
700 10000 -4.0
800 10000 -4.0
900 10000 -5.0
1000 10000 -6.0
1100 10000 -5.0
1200 10000 -4.0
1300 10000 -4.0
1400 10000 -7.0
1500 10000 -5.0
1600 10000 -4.0
1700 10000 -5.0
```

```
1800 10000 -4.0
1900 10000 -4.0
```

输出结果当中重点关注最后一列数值即可,该数值表明在每次测试当中当前机器人玩一局游戏取得的成绩。可以看到在训练之前机器人玩了一局游戏并得到了-116分的成绩,在经过训练后,几乎每局得到的分数都在-5左右,可见训练的过程是有效的。

从上面的代码能看出来,SARSA 算法和 QLearning 算法的区别只在于 target 的计算方式不同,SARSA 的 target 的计算方法如式(3-6)所示。

$$\text{target} = Q(s_{t+1}, a_{t+1}) \cdot \text{gamma} + r_t \tag{3-6}$$

从式(3-6)可以看出在 SARSA 算法中,计算 target 需要 s_{t+1} 和 a_{t+1},这符合 Q 函数的定义。

对比之下 QLearning 的 target 的计算方式就比较简单了,直接取下一个时刻的状态下所有动作的最高的价值,如式(3-7)所示。

$$\text{target} = \max \to Q(s_{t+1}, *) \cdot \text{gamma} + r_t \tag{3-7}$$

target 的不同计算方式是 SARSA 算法和 QLearning 算法主要的区别点。

细心的读者读到这里可能已经发现了关键,很显然 SARSA 和 QLearning 算法有一处关键性的不同,导致它们成为完全不同的算法,式(3-6)表明 SARSA 算法计算 target 需要使用变量 a_{t+1},而该变量只能来自 SARSA 算法本身,所以 SARSA 算法是一个同策略的算法,它不能使用其他人产生的数据进行学习,进而导致它不能使用数据池,因为过去的自己也不是自己,也只能被视为他人。

因此,QLearning 算法是异策略的,而 SARSA 算法是同策略的。它们是完全不同的算法。

虽然 SARSA 算法是同策略的,理论上它不能使用数据池,但出于简单起见上面的实现还是给它使用了数据池。由于本章使用的游戏环境比较简单,所以还是能通过学习得到比较好的结果,但这违反 SARSA 算法的使用原则,因为 SARSA 算法是一个同策略算法,所以理论上不能使用数据池。

3.9 实现无数据池的 SARSA 算法

实现无池化版本的 SARSA 算法,代码如下:

```
#第 3 章/训练
def train():
    #共更新 N 轮数据
    for epoch in range(2000):

        #玩一局游戏并得到数据
```

```
for (state, action, reward, next_state, over) in play()[0]:

    #Q 矩阵当前估计的 state 下 action 的价值
    value = Q[state, action]

    #实际玩了之后得到的 reward+(next_state,next_action)的价值*0.9
    target = reward + Q[next_state, Q[next_state].argmax()] *0.9

    #value 和 target 应该是相等的,说明 Q 矩阵的评估准确
    #如果有误差,则应该以 target 为准更新 Q 表,修正它的偏差
    #这就是 TD 误差,指评估值之间的偏差,以实际成分高的评估为准进行修正
    update = (target - value) *0.02

    #更新 Q 表
    Q[state, action] += update

    if epoch % 100 == 0:
        print(epoch, play()[-1])


train()
```

从上面的代码中可以看到,每次训练的时候都是去现玩一局游戏,然后针对这局游戏当中的每步的数据进行优化,所以这是一个无池化的实现,运行结果如下:

```
0 -101
100 -128
200 -7.0
300 -4.0
400 -6.0
500 -4.0
600 -4.0
700 -4.0
800 -4.0
900 -4.0
1000 -6.0
1100 -4.0
1200 -4.0
1300 -4.0
1400 -4.0
1500 -4.0
1600 -4.0
1700 -6.0
1800 -4.0
1900 -4.0
```

可以看到也能够得到很好的训练结果。

3.10 小结

本章介绍了游戏环境包 Gym,介绍了 Gym 包的基本用法,以冰湖游戏环境为例进行了讲解。

本章介绍了两个基础的基于表格的强化学习算法,分别是异策略的 QLearning 算法和同策略的 SARSA 算法。

本章讲解了在强化学习算法中应用数据池的必要性,并实现了数据池工具类,该工具类在后续章节中将反复使用,读者务必熟悉该工具类的用法。

本章讲解了时序差分方法在强化学习算法中的应用,并讲解了同策略和异策略算法的差异。

本章的内容在本书结构中非常重要,后续所有章节将根据本章的代码结构进行扩展,读者务必熟悉本章代码的结构。

在强化学习的过程中代码调试是不必避免的,本书的代码量不大,读者务必熟悉代码的运算过程。

第 4 章

DQN 算法

4.1 DQN 算法介绍

在前面的章节中讲解了 QLearning 算法和 SARSA 算法,这两个算法都使用表格来估计 Q 函数,表格不便于扩展,也不能进行太复杂的计算,有些环境的状态、动作是不可数的。

在基于表格的情况下,表格的行数等于状态的数量,表格的列数等于可以做出的动作的数量。在简单的游戏环境中这样做问题不大,但只要应用到一个稍微复杂一点的环境中,很快就会超出表格的表达能力的上限,例如动作是一个连续的数值区间,此时只能简单地把动作区间离散化。很多游戏的状态数量非常多,例如前面章节举过例子的围棋,它的状态数量几乎可以说是无穷多,虽然是离散的,但基本可以认为是不可数的。

所以从 DQN(Deep Q Network,深度 Q 网络)开始使用神经网络来估计 Q 函数,这也是 DQN 的核心思想。学习过深度学习的读者应该知道神经网络理论上可以拟合任何含有潜在统计规律的数据,包括围棋中任何局面下各个点落子的概率,在写文章时下一个字的概率,以及判断一句话是善意的概率等。

所以神经网络几乎可以被认为是万能函数,如果这个世界上有神经网络拟合不了的数据,则说明该神经网络的体量还不够大,目前人类还没有发现神经网络的能力边界。

综上所述,神经网络可以被视为是一张无限巨大,可无限扩展的表格。神经网络模型在强化学习中的输入和输出如图 4-1 所示。

图 4-1 神经网络模型在强化学习中的输入和输出

神经网络模型发挥的作用和第 3 章介绍的表格是一样的,都是输入状态,输出各个动作的 Q 值。只是神经网络可以理解更加复杂的状态,输出更加复杂的动作,神经网络模型的计算过程可以简单地视为黑箱,暂时不需要关心它的计算过程,只把它当作普通的表格使用即可。

4.2 平衡车游戏环境

因为算法已经进化到 DQN 了,能够处理更加复杂的环境,所以这里来换一个更加复杂的环境,如图 4-2 所示。

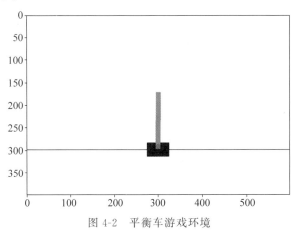

图 4-2 平衡车游戏环境

图 4-2 所示的游戏称为平衡车游戏环境,游戏开始后竖杆会随机向左右倒下,通过左右移动下面的黑色的小车,让这个杆子保持竖直的状态,在一个时刻里只要这个杆子不倒就能够得到 1 分,如果杆子倒下,则扣 1000 分,游戏的目标是保持杆子在 200 个时间单位里不要倒下,这个游戏最高能够得到 200 分,最低是−1000 分。

定义该环境的代码如下:

```
#第 4 章/定义环境
import gym


class MyWrapper(gym.Wrapper):

    def __init__(self):
        env = gym.make('CartPole-v1', render_mode='rgb_array')
        super().__init__(env)
        self.env = env
        self.step_n = 0

    def reset(self):
        state, _ = self.env.reset()
        self.step_n = 0
        return state

    def step(self, action):
        state, reward, terminated, truncated, info = self.env.step(action)
```

```
        over = terminated or truncated

        #限制最大步数
        self.step_n += 1
        if self.step_n >= 200:
            over = True

        #没坚持到最后,扣分
        if over and self.step_n < 200:
            reward = -1000

        return state, reward, over

    #打印游戏图像
    def show(self):
        from matplotlib import pyplot as plt
        plt.figure(figsize=(3, 3))
        plt.imshow(self.env.render())
        plt.show()


env = MyWrapper()

env.reset()

env.show()
```

可以看到依然使用了前面介绍过的 Gym 工具包来定义游戏环境。值得注意的是该游戏的动作空间依然是离散的,不是左,就是右,一共只有两种动作。

游戏的状态空间使用 4 个数值来定义,这 4 个数值的具体意义并不重要,只要知道这 4 个数值描述了游戏所处的状态,机器人需要通过这 4 个数值来理解游戏所处的状态,并做出正确的动作。

这 4 个数值都是连续的数值,所以很难使用传统的表格方式来记录,这里就体现了神经网络模型的好处,可以直接输入神经网络计算即可,不需要维护复杂的表格。

在上面的代码中为游戏限定了最大时长,规定为 200 个时间单位,也就是说在一局游戏中最多可以做出 200 个动作,只要在 200 个时间单位内杆子没有倒下,就可以获得最大奖励 200 分,每个时间单位 1 分。相应地,如果杆子倒下了,则立刻扣 1000 分。

以上就是本章要使用的游戏环境,该游戏环境被称为平衡车游戏环境,在后续的很多章节里要反复使用,读者务必熟悉该游戏环境。

4.3 定义神经网络模型

如前所述,DQN 算法中使用神经网络模型来评估 Q 值,这里把神经网络模型定义出来,代码如下:

```
#第 4 章/定义模型,评估状态下每个动作的价值
import torch

model = torch.nn.Sequential(
    torch.nn.Linear(4, 64),
    torch.nn.ReLU(),
    torch.nn.Linear(64, 64),
    torch.nn.ReLU(),
    torch.nn.Linear(64, 2),
)

model
```

该模型的功能跟之前定义的 Q 表是一样的,都是估计在某种状态下各个动作的价值,即计算 Q 函数,运行结果如下:

```
Sequential(
    (0): Linear(in_features=4, out_features=64, bias=True)
    (1): ReLU()
    (2): Linear(in_features=64, out_features=64, bias=True)
    (3): RcLU()
    (4): Linear(in_features=64, out_features=2, bias=True)
)
```

可以看到该模型的结构比较简单,是一个三层的线性神经网络模型。模型的入参是 4 个数值,分别是描述游戏环境的状态的 4 个数值,输出是两个数值,分别是动作空间中左、右两个动作的分数。

4.4　数据部分的修改

4.4.1　play 函数的修改

由于 Q 表改成了神经网络模型,所以 play()函数当中获取动作的部分需要修改一下,代码如下:

```
#第 4 章/定义 play 函数
from IPython import display
import random

#玩一局游戏并记录数据
def play(show=False):
    data = []
    reward_sum = 0

    state = env.reset()
```

```
    over = False
    while not over:
        action = model(torch.FloatTensor(state).reshape(1, 4)).argmax().item()
        if random.random() < 0.1:
            action = env.action_space.sample()

        next_state, reward, over = env.step(action)

        data.append((state, action, reward, next_state, over))
        reward_sum += reward

        state = next_state

        if show:
            display.clear_output(wait=True)
            env.show()

    return data, reward_sum


play()[-1]
```

可以看到原本查询 Q 表的部分改成了使用神经网络模型进行计算,其他的部分和原本的 play()函数相比没有区别。

4.4.2　数据池的修改

和 QLearning 一样,DQN 也是一个异策略算法,所以可以使用数据池来提高数据的利用率,但 QLearning 当中数据池每次只采样一条数据,这对 DQN 来讲效率太低了,所以需要做出一些小小的修改,代码如下:

```
#第 4 章/数据池
class Pool:

    def __init__(self):
        self.pool = []

    def __len__(self):
        return len(self.pool)

    def __getitem__(self, i):
        return self.pool[i]

    #更新动作池
    def update(self):
        #每次更新不少于 N 条新数据
        old_len = len(self.pool)
```

```
            while len(pool) - old_len < 200:
                self.pool.extend(play()[0])

            #只保留最新的 N 条数据
            self.pool = self.pool[-2_0000:]

        #获取一批数据样本
        def sample(self):
            data = random.sample(self.pool, 64)

            state = torch.FloatTensor([i[0] for i in data]).reshape(-1, 4)
            action = torch.LongTensor([i[1] for i in data]).reshape(-1, 1)
            reward = torch.FloatTensor([i[2] for i in data]).reshape(-1, 1)
            next_state = torch.FloatTensor([i[3] for i in data]).reshape(-1, 4)
            over = torch.LongTensor([i[4] for i in data]).reshape(-1, 1)

            return state, action, reward, next_state, over


pool = Pool()
pool.update()
pool.sample()

len(pool), pool[0]
```

在上面的代码中重点应关注加粗的部分,可以看到把采样数量从 1 条修改成了 64 条,这样训练的效率提高了很多,此外还把数据整理成了 PyTorch 的 Tensor 格式,便于后续进行计算。

以上代码的运行结果如下:

```
(208,
 (array([0.00496458, 0.03820252, 0.0385537 , 0.00248376], dtype=float32),
  1,
  1.0,
  array([ 0.00572863, 0.23275095, 0.03860337, -0.27779007], dtype=float32),
  False))
```

可以看到经过一次 update() 函数的调用之后,数据池中收集了 208 条数据,一条数据包括 5 个字段,分别是 state、action、reward、next state、over,这些都是在训练过程中所需要用到的数据,它们代表的含义和第 3 章介绍的含义相同,此处不再复述。

4.5 实现 DQN 算法

做完以上准备工作后现在就可以着手实现 DQN 算法的代码了,代码如下:

```
#第 4 章/DQN 算法
def train():
    model.train()
    optimizer = torch.optim.Adam(model.parameters(), lr=2e-4)
    loss_fn = torch.nn.MSELoss()

    #共更新 N 轮数据
    for epoch in range(1000):
        pool.update()

        #每次更新数据后训练 N 次
        for i in range(200):

            #采样 N 条数据
            state, action, reward, next_state, over = pool.sample()

            #计算 value
            value = model(state).gather(dim=1, index=action)

            #计算 target
            with torch.no_grad():
                target = model(next_state)
            target = target.max(dim=1)[0].reshape(-1, 1)
            target = target * 0.99 * (1 - over) + reward

            loss = loss_fn(value, target)
            loss.backward()
            optimizer.step()
            optimizer.zero_grad()

        if epoch % 100 == 0:
            test_result = sum([play()[-1] for _ in range(20)]) / 20
            print(epoch, len(pool), test_result)


train()
```

可以看到训练的过程把原来查询 Q 表的部分使用神经网络来进行计算,其他的过程和
QLearning 是一样的,重点关注加粗部分的代码就可以了,在训练过程中的输出如下:

```
0 415 -877.85
100 20000 -813.6
200 20000 200.0
300 20000 200.0
400 20000 200.0
500 20000 200.0
600 20000 200.0
700 20000 -96.9
800 20000 200.0
900 20000 200.0
```

训练的输出只需重点关注最后一列,可以看到训练的过程显然是有效的,很快就能够达到 200 分的高分。

以上就是一个非常简单的单模型 DQN 算法的实现,可以看到主要是把记录 Q 函数的载体从表格更换成了神经网络模型,其他几乎和 QLearning 是一样的,还是非常简单的,但是单模型的 DQN 算法存在比较明显的自举问题,这点在下文中叙述。

4.6　双模型

上面实现了单模型的 DQN 算法,单模型系统存在容易自举而造成 value 过高估计的问题。单模型 DQN 系统的误差计算过程如图 4-3 所示。

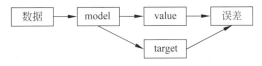

图 4-3　单模型 DQN 算法计算误差

在该系统中 value 和 target 都由同一个模型进行计算,最后求两者的误差,进而修正模型的参数。

这是一个有问题的模型,这就像一名学生自己给自己批改考卷,自己给自己评估分数,虽然通过反复学习,这名学生也能取得一定的进步,但很容易出现过高估计自己成绩的情况,如图 4-4 所示。

在这个单模型系统中,模型很难发现自己的错误。

一个人想要发现自己的错误总是最难的,所谓旁观者清,所以最好考试和批改是两名不同的学生,这样能更有效地学习和进步,如图 4-5 所示。

图 4-4　单模型系统示意　　　　　图 4-5　双模型系统示意

在双模型系统中,做题和打分是两个不同的模型,所以不容易过高地估计自己的成绩。基于该思想提出了双模型的 DQN 算法,该算法的实现思路如图 4-6 所示。

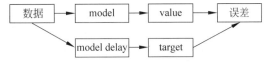

图 4-6　双模型 DQN 算法计算误差

在双模型的 DQN 算法中计算 value 和 target 是两个不同的模型,这样就避免了自己给自己打分,能够缓解自举造成的过高估计问题,进而更有效地学习。

对比图 4-3 和图 4-6 可以看出两套 DQN 算法主要的区别就在于双模型的 DQN 算法中多了一个负责计算 target 的神经网络模型,既然多了一个模型,那么该模型是否也需要训练呢? 答案是肯定的,但是有一些取巧的方法来节省这部分的计算资源,此处不再进行复杂的论证,直接给出方法,如图 4-7 所示。

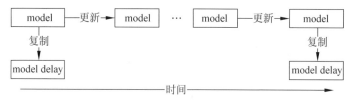

图 4-7 延迟更新的双模型系统

在某些时刻双模型系统中的两个模型是完全等价的,只是原模型会更新得更快更频繁,间隔一些步数以后让延迟模型复制原模型的参数,让两个模型一致,也就是说延迟模型是原模型的延迟更新。

根据之前的理论,做题和打分的不能是一名学生,但是图 4-7 中的两个模型有时是等价的,这是否违反了双模型的思想呢? 答案是肯定的,这是一种节省计算资源的小技巧,因为这样做就可以避免训练两个模型,从而节省计算资源,并且效果的损失是在可接受范围内的。毕竟大多数时候两个模型的参数是不一致的,根据前面章节的学习了解到,过去的自己也不能视为自己,由于行为不同,完全可以视为另一个模型。

下面再举一个形象的例子来解释为什么延迟模型不能更新得太频繁,以及为什么延迟更新可以替代双模型的训练,如图 4-8 所示。

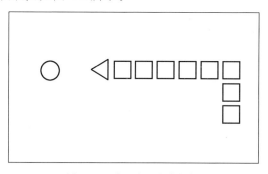

图 4-8 "贪吃蛇"游戏示例

图 4-8 所示的游戏叫作贪吃蛇,相信读者都玩过这个简单的小游戏,应该都知道在贪吃蛇这个游戏中玩家控制的"蛇"是动的,而"食物"是不动的,只有在玩家控制"蛇吃掉食物"之后才能刷新一个新的"食物"。可以把"贪吃蛇"游戏的过程理解成不断地追逐每个小目标的过程,只有在"蛇"达成一个小目标之后再去追求下一个目标,而在追逐每个小目标的过程中,目标本身是不动的,所以"蛇"的任务相对简单。

换个角度来思考贪吃蛇这个游戏,如果"蛇"在追逐目标的过程中,目标不断地移动则会发生什么情况呢? 可以想象,"蛇"走的路径会更加复杂,更加随机,任务的难度会大幅度提高,在极端情况下"蛇"永远无法追逐到目标。

把上面的例子转移到双模型系统中,就能理解为什么需要延迟模型了,在双模型的 DQN 算法系统中,原模型就像是"蛇",它的任务是追逐"食物",延迟模型就像是"食物",它最好是不动的,否则"蛇"的任务难度将大大提高。

如何知道"蛇"已经吃到了"食物"呢?这有很多种方法,例如观察误差的值,如果误差小于一定的阈值,则认为"蛇"已经吃到了"食物",可以更新下一份"食物"了,也就是应该让两个模型的参数保持一致。在本章中会使用比较简单的按步数延迟更新的方法,也就是更新一定步数后就让两个模型的参数一致。在本章这个比较简单的游戏环境中,这样做就已经足够了,这也是 DQN 算法中最常用的方法。

理解了以上双模型的思想以后,现在开始改造代码以实现双模型系统,首先定义系统中的两个模型,代码如下:

```python
#第 4 章/定义模型
import torch

#定义模型,评估状态下每个动作的价值
model = torch.nn.Sequential(
    torch.nn.Linear(4, 64),
    torch.nn.ReLU(),
    torch.nn.Linear(64, 64),
    torch.nn.ReLU(),
    torch.nn.Linear(64, 2),
)

#延迟更新的模型,用于计算 target
model_delay = torch.nn.Sequential(
    torch.nn.Linear(4, 64),
    torch.nn.ReLU(),
    torch.nn.Linear(64, 64),
    torch.nn.ReLU(),
    torch.nn.Linear(64, 2),
)

#复制参数
model_delay.load_state_dict(model.state_dict())

model, model_delay
```

第 1 个模型还是之前定义的最普通的神经网络模型,也就是用来估计 Q 函数的模型,即原模型。

第 2 个模型的结构跟原模型是完全一样的,事实上它们的参数也是完全一样的,也就是说在此时此刻这两个模型是完全相等的关系,但是在后续训练的过程中,它们会逐渐变得不一样,这个模型就是延迟模型。

下面来看训练部分的代码,代码如下:

```python
#第 4 章/双模型 DQN
def train():
    model.train()
    optimizer = torch.optim.Adam(model.parameters(), lr=2e-4)
    loss_fn = torch.nn.MSELoss()

    #共更新 N 轮数据
    for epoch in range(1000):
        pool.update()

        #每次更新数据后训练 N 次
        for i in range(200):

            #采样 N 条数据
            state, action, reward, next_state, over = pool.sample()

            #计算 value
            value = model(state).gather(dim=1, index=action)

            #计算 target
            with torch.no_grad():
                target = model_delay(next_state)
            target = target.max(dim=1)[0].reshape(-1, 1)
            target = target * 0.99 * (1 - over) + reward

            loss = loss_fn(value, target)
            loss.backward()
            optimizer.step()
            optimizer.zero_grad()

        #复制参数
        if (epoch + 1) % 5 == 0:
            model_delay.load_state_dict(model.state_dict())

        if epoch % 100 == 0:
            test_result = sum([play()[-1] for _ in range(20)]) / 20
            print(epoch, len(pool), test_result)


train()
```

上面的代码重点应看加粗的部分，可以注意到计算 target 的时候已经不使用原模型来进行计算了，而是换成了延迟模型，这样就能够缓解前面提到过的过高估计的问题。

在更新模型参数时，只更新原模型，而不更新延迟模型，这样两个模型的参数渐渐就会变得不一样。每过 5 个 epoch，再让两个模型的参数保持一致，这样使用延迟更新的模型来计算 target，这就是双模型的 DQN 算法的训练方式。

下面是在训练过程中的输出：

```
0 408 -950.65
100 20000 -171.0
200 20000 200.0
300 20000 200.0
400 20000 145.65
500 20000 200.0
600 20000 200.0
700 20000 200.0
800 20000 200.0
900 20000 200.0
```

从训练的轨迹上可以看出训练的过程是有效的,机器人很快就能取得不错的成绩,这就是双模型的应用方法。

4.7 加权的数据池

前面的几个例子都应用了数据池,前面的章节也论证了数据池的作用,但是在之前的例子中,对数据池中的所有数据都一视同仁,认同它们都是同等重要或者说是同等不重要的。

根据生活的经验一般不认为所有的经验都是同等重要的,例如一名学生想快速提高自己的考试成绩,一般来讲最好的办法是多练错题集,因为这些题目对他来讲是更难、更容易出错的,所以针对这些题目进行练习对提高自己的成绩更有效率。

加权数据池正是基于上述思想应运而生,它的思想是给高 loss 的数据加权,提高这些数据被采样中的概率,这就相当于要求机器人多去处理那些它处理得不好的状态,这样能更有效率地提高它的性能。

基于以上思想,此处修改数据池的实现,加入加权采样功能,代码如下:

```python
#第 4 章/加权数据池
class Pool:

    def __init__(self):
        self.pool = []
        self.prob = []

    def __len__(self):
        return len(self.pool)

    def __getitem__(self, i):
        return self.pool[i]

    #更新动作池
    def update(self):
        #每次更新不少于N条新数据
        old_len = len(self.pool)
```

```
        while len(pool) - old_len < 200:
            data = play()[0]
            self.pool.extend(data)
            #维护概率表
            self.prob.extend([1.0] * len(data))

        #只保留最新的 N 条数据
        self.pool = self.pool[-2_0000:]
        self.prob = self.prob[-2_0000:]

    #获取一批数据样本
    def sample(self):
        idx = torch.FloatTensor(self.prob).clamp(0.1, 1.0).multinomial(
            num_samples=64, replacement=False)

        data = [self.pool[i] for i in idx]

        state = torch.FloatTensor([i[0] for i in data]).reshape(-1, 4)
        action = torch.LongTensor([i[1] for i in data]).reshape(-1, 1)
        reward = torch.FloatTensor([i[2] for i in data]).reshape(-1, 1)
        next_state = torch.FloatTensor([i[3] for i in data]).reshape(-1, 4)
        over = torch.LongTensor([i[4] for i in data]).reshape(-1, 1)

        return idx, state, action, reward, next_state, over


pool = Pool()
pool.update()
pool.sample()

len(pool), pool[0]
```

上述代码重点应关注加粗的部分，可以看到在数据池中维护一张概率表，它描述的是所有数据被采样的概率，新增的数据初始化为 1.0，在进行数据采样时，根据概率表来进行采样，以上就是数据池的修改部分。

接下来需要对训练部分的代码进行一定的修改，代码如下：

```
#第 4 章/使用加权数据池训练
def train():
    model.train()
    optimizer = torch.optim.Adam(model.parameters(), lr=2e-4)
    loss_fn = torch.nn.MSELoss(reduction='none')

    #共更新 N 轮数据
    for epoch in range(1000):
        pool.update()

        #每次更新数据后训练 N 次
```

```
for i in range(200):

    #采样 N 条数据
    idx, state, action, reward, next_state, over = pool.sample()

    #计算 value
    value = model(state).gather(dim=1, index=action)

    #计算 target
    with torch.no_grad():
        target = model_delay(next_state)
    target = target.max(dim=1)[0].reshape(-1, 1)
    target = target * 0.99 * (1 - over) + reward

    #根据概率缩放 loss
    r = torch.FloatTensor([pool.prob[i] for i in idx])
    r = (1 - r).clamp(0.1, 1.0).reshape(-1, 1)

    loss = loss_fn(value, target)
    (loss * r).mean(0).backward()
    optimizer.step()
    optimizer.zero_grad()

    #根据 loss 调整数据权重
    for i, j in zip(idx.tolist(),
                    loss.abs().sigmoid().flatten().tolist()):
        pool.prob[i] = j

#复制参数
if (epoch + 1) % 5 == 0:
    model_delay.load_state_dict(model.state_dict())

if epoch % 100 == 0:
    test_result = sum([play()[-1] for _ in range(20)]) / 20
    print(epoch, len(pool), pool.prob[::5000], test_result)


train()
```

此处沿用了双模型的体系,正常地计算了 value 和 target 之后再计算 loss,然后使用数据的权重对 loss 进行加权,这一点是为了避免过拟合,需要对高权重数据的 loss 进行一定的削减。

最后根据 loss 来调整数据的权重,使高 loss 的数据的权重增加,以增加这部分数据以后被采样的概率,以上就是加权数据池的应用方法,它的训练结果也是比较好的,训练轨迹如下:

```
0 412 -990.4
100 20000 -416.75
200 20000 -105.65
300 20000 200.0
400 20000 200.0
500 20000 200.0
600 20000 200.0
700 20000 143.0
800 20000 200.0
900 20000 200.0
```

可以看到训练的效果还是比较好的,机器人很快就能取得 200 分的高分,可见训练的过程是有效的。

4.8 Double DQN

在 DQN 和 QLearning 算法中过高估计是一个麻烦的问题,事实上在所有的强化学习算法中都需要处理过高估计的问题,回顾 QLearning 算法中 target 的计算公式,如式(4-1)所示。

$$target = \max \rightarrow Q(s_{t+1}, *) \cdot gamma + r_t \qquad (4\text{-}1)$$

QLearning 算法为了避免 Q 函数中的动作参数,直接求了所有动作的最大 Q 值,这种简单的方法会增加过高估计的风险,更精细的方法应该输入常规的动作参数来计算 Q 值,所以提出了 Double DQN 的思想。

Double DQN 的核心思想是在双模型系统的基础之上进一步地进行缓解自举,在计算 target 时使用原模型计算动作,然后使用延迟模型计算 target,而不是直接取 max,这样就能够进一步地进行缓解自举,具体来看一下训练部分的代码,代码如下:

```python
#第 4 章/Double DQN 训练
def train():
    model.train()
    optimizer = torch.optim.Adam(model.parameters(), lr=2e-4)
    loss_fn = torch.nn.MSELoss()

    #共更新 N 轮数据
    for epoch in range(1000):
        pool.update()

        #每次更新数据后训练 N 次
        for i in range(200):

            #采样 N 条数据
            state, action, reward, next_state, over = pool.sample()

            #计算 value
```

```
value = model(state).gather(dim=1, index=action)

#计算 target
with torch.no_grad():
    #使用原模型计算动作,使用延迟模型计算 target,进一步缓解自举
    next_action = model(next_state).argmax(dim=1, keepdim=True)
    target = model_delay(next_state).gather(dim=1,
                                        index=next_action)

target = target * 0.99 * (1 - over) + reward

loss = loss_fn(value, target)
loss.backward()
optimizer.step()
optimizer.zero_grad()

#复制参数
if (epoch + 1) % 5 == 0:
    model_delay.load_state_dict(model.state_dict())

if epoch % 100 == 0:
    test_result = sum([play()[-1] for _ in range(20)]) / 20
    print(epoch, len(pool), test_result)


train()
```

上面的代码应重点看加粗的部分,也就是 target 的计算过程,可以看到首先使用原模型计算了动作,然后使用延迟模型来计算 target,这样就能够进一步地缓解自举,防止过高估计,训练的过程中的输出如下:

```
0 410 -946.4
100 20000 -2.55
200 20000 200.0
300 20000 200.0
400 20000 141.55
500 20000 -102.55
600 20000 200.0
700 20000 200.0
800 20000 200.0
900 20000 49.3
```

可以看到训练是有效的,也能达到很好的表现成绩。

4.9　Dueling DQN

回顾之前的几个 DQN 算法,它们的模型结构大致如图 4-9 所示。

与传统 DQN 模型不同的是,在 Dueling DQN 模型中,一般会使用不同的模型结构来计

算 Q 值,该模型结构大致如图 4-10 所示。

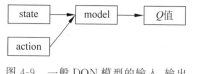

图 4-9　一般 DQN 模型的输入、输出

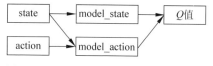

图 4-10　Dueling DQN 模型的计算过程

在 Dueling DQN 模型中使用不同的模型来评估状态和动作,最后把两部分评估的结果相加得到 Q 值。

由于在 Dueling DQN 模型中每个模型都只单独学习一部分数据,所以学习的难度低,如果环境的复杂度是 N,动作的复杂度是 M,则 Dueling DQN 学习的难度是 $N+M$,而传统 DQN 模型学习的难度是 $N \times M$,显然后者要远大于前者。

换个角度来看 Dueling DQN 算法的思想,传统的 QLearning 算法中计算的 Q 值是直接求状态下动作的价值,计算的复杂度是两者的乘积,而 Dueling DQN 算法是分开估计状态的价值和状态下动作的价值,所以能更精确地估计两者分别的价值。

综上所述,在 Dueling DQN 模型中计算 Q 值的过程如式(4-2)所示。

$$Q(s,a) = Q_s(s) + Q_a(s,a) - [\text{mean} \to Q_a(s, *)] \qquad (4-2)$$

在式(4-2)中注意最后需要减去所有动作价值的均值,这是为了对动作的价值去除基线,只关心当前动作相比所有动作平均价值的差。

换个角度来看式(4-2)中为什么最后要去除动作价值的均值,动作的价值指的是状态下执行各个动作的价值,所以这里的估计很可能包括状态本身的价值,在一个好的状态下,执行任何动作都不会太差,而状态的价值在式(4-2)的第 1 项中已经计算得出,不应该再在动作的部分重复计算,所以应该去除重复计算的部分,动作的部分应该只考虑动作本身的价值,而把状态的价值去除。

理解了以上思想以后,此处把 Dueling DQN 模型中的模型定义出来,代码如下:

```python
#第 4 章/定义 Dueling DQN 模型
import torch


class Model(torch.nn.Module):

    def __init__(self):
        super().__init__()

        self.fc = torch.nn.Sequential(
            torch.nn.Linear(4, 64),
            torch.nn.ReLU(),
            torch.nn.Linear(64, 64),
            torch.nn.ReLU(),
        )
```

```
        self.fc_action = torch.nn.Linear(64, 2)
        self.fc_state = torch.nn.Linear(64, 1)

    def forward(self, state):
        state = self.fc(state)

        #评估 state 的价值
        value_state = self.fc_state(state)

        #每个 state 下每个 action 的价值
        value_action = self.fc_action(state)

        #综合以上两者计算最终的价值,action 去均值是为了数值稳定
        return value_state + value_action - value_action.mean(dim=-1,
                                                        keepdim=True)


model = Model()
model_delay = Model()

#复制参数
model_delay.load_state_dict(model.state_dict())

model(torch.randn(64, 4)).shape
```

上面的代码可以看出模型的计算过程,首先需要计算状态的价值,再计算动作的价值,然后状态的价值加上动作的价值,最后减去所有动作价值的均值,该计算过程和式(4-2)是完全一样的。

此处也使用双模型的思想。定义好了模型结构之后就可以进行训练了,训练的代码和双模型是一样的,下面是训练过程中的输出:

```
0 403 -964.05
100 20000 149.3
200 20000 200.0
300 20000 200.0
400 20000 200.0
500 20000 200.0
600 20000 200.0
700 20000 200.0
800 20000 200.0
900 20000 200.0
```

从训练的轨迹来看,训练的效果是良好的,以上就是 Dueling DQN 模型的实现过程。

4.10　Noise DQN

Noise DQN 的核心思想是给模型的参数增加随机性,不希望模型太过于死板,模型死板会有很多坏处,主要是环境的探索不足,在遇到一些特定的状态时总是采取同样的动作进行处理,有时会导致缺乏远见的决策。

想象一个人来到一个陌生的新环境,他应该多探索周边的环境,由于不熟悉环境,短期内可能会绕远路,没有发现最优路径,但只要偶尔进行一些探索,采取和以往不同的路径,偶尔就能发现更优的路径,修正过去长久以来积累的错误经验。

正是基于以上思想,Noise DQN 提出了应该增加模型的随机性,从而对环境进行更多探索,从而避免死板地重复非最优策略。

根据以上思想把模型结构给定义出来,代码如下:

```
#第 4 章/定义 Noise DQN 模型结构
import torch


class Model(torch.nn.Module):

    def __init__(self):
        super().__init__()

        self.fc = torch.nn.Sequential(
            torch.nn.Linear(4, 64),
            torch.nn.ReLU(),
            torch.nn.Linear(64, 64),
            torch.nn.ReLU(),
        )

        #输出层参数的均值和标准差
        self.weight_mean = torch.nn.Parameter(torch.randn(64, 2))
        self.weight_std = torch.nn.Parameter(torch.randn(64, 2))

        self.bias_mean = torch.nn.Parameter(torch.randn(2))
        self.bias_std = torch.nn.Parameter(torch.randn(2))

    def forward(self, state):
        state = self.fc(state)

        #正态分布投影,获取输出层的参数
        weight = self.weight_mean + torch.randn(64, 2) * self.weight_std
        bias = self.bias_mean + torch.randn(2) * self.bias_std

        #运行模式下不需要随机性
        if not self.training:
```

```
              weight = self.weight_mean
              bias = self.bias_mean

          #计算输出
          return state.matmul(weight) + bias


model = Model()
model_delay = Model()

#复制参数
model_delay.load_state_dict(model.state_dict())

model(torch.randn(5, 4)).shape
```

这个模型从结构上能够看出来,实际上就是一个简单的线性神经网络,只不过最后一层的参数,使用了两个正态分布来进行定义,所以模型计算的过程的随机性会更大一些,改完模型结构之后就可以直接进行训练了,在训练过程中的轨迹如下:

```
0 410 -991.5
100 20000 149.75
200 20000 200.0
300 20000 200.0
400 20000 200.0
500 20000 200.0
600 20000 200.0
700 20000 200.0
800 20000 200.0
900 20000 200.0
```

可以看到训练的过程也是比较良好的。以上就是 Noise DQN 的实现过程。

4.11　小结

本章介绍了在强化学习中非常重要的 DQN 算法,DQN 最主要的改变是使用神经网络模型来替代表格计算 Q 值,由于使用了神经网络来理解游戏环境,所以几乎可以说 DQN 算法可以处理任意复杂度的游戏环境,只要模型的体量够大,训练量足够大,就能拟合任何游戏环境。

DQN 还提出了双模型的思想,以及加权的数据池、Double DQN、Dueling DQN、Noise DQN 等传统的强化学习方法的改进思路,这些方法一直沿用至今。

DQN 在强化学习体系中的地位举足轻重,如果 QLearning 和 SARSA 算法只能说是玩具算法,则 DQN 是第 1 个能处理复杂游戏环境的实战算法。

DQN 算法的优点很多,具有开创性,但是它也有很多不足,最主要的是它不擅长处理连续的动作空间,后续章节会介绍其他更先进的算法来克服 DQN 的缺点。

第 5 章
策 略 梯 度

5.1 基于策略的算法

在之前的章节中介绍了 Q 函数和时序差分方法,并学习了基于此而设计的 QLearning、SARSA、DQN 算法,这些算法有一个共同特征,它们都是基于价值的算法,也就是说,它们的基本原理都是计算在一种状态下执行各个动作的价值,决策时选择价值最大的动作执行。

换句话说,这些算法的底层原理都是在计算一张 Q 表,Q 表中记录了各种状态下各个动作的价值,最后根据该 Q 表进行决策。此类算法统一被称为基于价值的算法。

下面介绍一种完全不同的思路,被称为策略迭代,它是基于策略的算法。为了理解该算法为何不同,下面还是使用冰湖游戏环境进行举例说明,冰湖游戏环境如图 1-4 所示。

冰湖游戏环境在前面章节中已经反复出现,相信读者已经对该游戏环境很熟悉,此处不再反复说明该游戏的规则。

回顾基于价值的算法,它们的共同特点是都在计算一张 Q 值表,如表 5-1 所示。

表 5-1 所有状态下所有动作的分数

行	列	上	下	左	右
第 1 行	第 1 列				
第 1 行	第 2 列				
第 1 行	第 3 列				
第 1 行	第 4 列				
第 2 行	第 1 列				
第 2 行	第 2 列				
第 2 行	第 3 列				
第 2 行	第 4 列				
第 3 行	第 1 列				
第 3 行	第 2 列				
第 3 行	第 3 列	一般	高	一般	低

续表

行	列	上	下	左	右
第 3 行	第 4 列				·
第 4 行	第 1 列				
第 4 行	第 2 列	一般	一般	低	高
第 4 行	第 3 列	一般	一般	一般	高
第 4 行	第 4 列				

基于价值的算法本质上都是在算这样的一张表,只要该表计算得足够精确,就可以基于该表做出很好的动作决策。

从上面的叙述可以看出,计算 Q 表是为了决策,那么是否只要能做出好的决策,有没有 Q 表不重要呢? 答案是肯定的,考虑做出决策的过程如图 5-1 所示。

图 5-1 做出决策的过程

使用神经网络模型可以根据游戏环境的状态信息做出决策,只是该决策的质量是否足够好。在基于价值的算法中,决策质量的好坏基本取决于 Q 表的质量,但是从图 5-1 可以看出,此处已经使用了神经网络模型来做出决策。

前面的章节介绍过,神经网络模型几乎可以拟合任意复杂度的数据,只要数据存在潜在的统计规律,就能进行拟合,如果不能拟合,则说明神经网络的体量还不够大。

既然神经网络模型具有如此强大的计算能力,不妨尝试着直接让神经网络模型来做出决策,而放弃计算 Q 表。

回顾强化学习的定义,也就是根据机器人做出的动作给予反馈,要求机器人求反馈的最大化。设想一下在这样的要求下,机器人可能会做出怎样的尝试呢?

也许机器人一开始会给自己想一套策略,例如总是往右,它使用这套策略在环境中活动,而环境也会给它反馈,很显然,总是往右不是一个好的策略,所以反馈值也不太好,如图 5-2 所示。

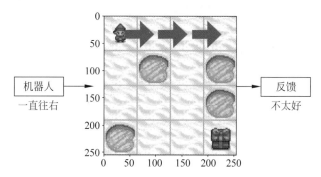

图 5-2 机器人使用策略和环境互动(1)

机器人获得了反馈以后,它会尝试着改变一下策略,看一看反馈是否有上升,如图5-3所示。

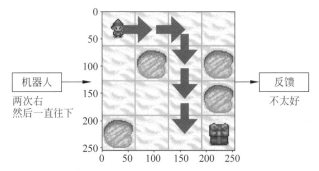

图5-3 机器人使用策略和环境互动(2)

机器人改变策略后应该说是更靠近成功了,在该策略下,机器人只差一步就能获得礼物了,但此时此刻,环境还是会给它不太好的反馈。

得到反馈后,也许机器人还会改变一下策略,这样的改变是非常随机的,几乎就是瞎猜的,但总有让它猜中的时候,如图5-4所示。

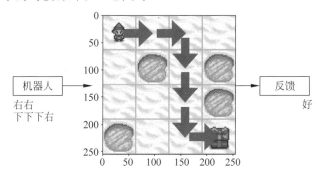

图5-4 机器人使用策略和环境互动(3)

这时机器人终于取得了突破,环境给予了它很好的反馈,此时机器人获得了一个很好的策略,使用这套策略,它能很好地处理冰湖这个游戏环境。

上面举的例子其实就是基于策略的算法,它的核心思想不再是计算出 Q 表,而是找到一个好的策略,根据该策略做出决策,避免了计算 Q 表。不过其中还有很多细节问题没有解决。

上面举的例子看起来就是在瞎猜,似乎机器人只是凑巧找到了一个好的策略,但其实选择策略时也有很多技巧,并不是完全在瞎猜,其中重要的指导性思想就是策略梯度方法。

和时序差分方法一样,策略梯度方法也是帮助算法更新的方法,下面从感性层面上来认识一下策略梯度方法。

5.2　一个直观的例子

为了更好地理解策略梯度的思想,下面举一个更简单的例子进行说明,如表 5-2 所示。

表 5-2　按钮的中奖概率

	中奖概率
按钮 1	0.2
按钮 2	0.5
按钮 3	0.8

这是 3 个中奖概率已知的按钮,根据概率表,应该永远选择按钮 3,因为这是最优策略,在概率已知的情况下当然会推理出这样的行动策略。

但是现在让我们假设概率是未知的,并且按按钮的次数是有限的,如何寻求最优行动策略呢?

有经验的读者可能已经发现,这是一个典型的求探索利用比例的问题,此类问题有一个典型特征,就是要把有限的行动次数分为两部分,一部分被称为探索,即要尽量地求出环境信息,另一部分被称为利用,即利用上一步已经探索出的环境信息获得尽可能多的奖励。

在游戏开始的初期,可以通过大量的尝试,摸索出各个按钮中奖的概率,进而求出中奖概率最大的按钮,明确了这一点以后,把剩余的尝试次数全部用于按该按钮即可,这样就可以最大化地获得奖励,该算法被称为贪婪算法。

贪婪算法求解过程中的难点是确定探索和利用各自的比例,如果探索的比例太小,则可能并没有找到中奖概率最高的按钮,进而影响利用时所能获得的奖励,而探索太多,虽然能更加明确中奖概率最高的按钮,但是由于探索占用了太多的行动次数,所以会导致利用时的行动次数不足,难以获得大量的奖励,从而导致最终性能不佳。

读者可能会想在这样的一个求解过程中,应该有一个最佳平衡点,以此来平衡探索和利用两部分的占用比例,如果读者这样想了,那其实就已经在用策略梯度的思路来求解该问题了。

接下来梳理一下策略梯度方法是如何求解该问题的。从游戏的开局状态开始,此时策略如表 5-3 所示。

表 5-3　开局阶段的策略

	真实中奖概率	选择概率	猜测中奖概率
按钮 1	0.2	0.33	1.0
按钮 2	0.5	0.33	1.0
按钮 3	0.8	0.33	1.0

因为此时对每个按钮中奖的概率一无所知,所以认为它们中奖的概率都是 1.0,也就是说在开局阶段,对它们的期望都是很高的,在后续的不断尝试中会逐渐降低对它们的期望,

最终收敛到真实中奖概率。

由于对所有按钮的中奖概率未知,所以每个按钮被选择的概率都是相等的,即都是 0.33,在后续的不断尝试中会渐渐降低中奖概率低的按钮的被选择概率,从而节省宝贵的行动次数。

经过一些步数的尝试,策略会逐渐调整,渐渐减少探索,增加探索,此时策略如表 5-4 所示。

表 5-4   经过一些步数的尝试后的策略

	真实中奖概率	选择概率	猜测中奖概率
按钮 1	0.2	0.1	0.3
按钮 2	0.5	0.1	0.6
按钮 3	0.8	0.8	0.7

此时的猜测中奖概率已经逐渐靠近真实中奖概率,每个按钮被选择的概率也逐渐接近利用,探索的成分逐渐减少,此时机器人从环境中获取奖励的效率比最开始时大幅度地提升了。

再经过一些步数的尝试,此时策略如表 5-5 所示。

表 5-5   再经过一些步数的尝试后的策略

	真实中奖概率	选择概率	猜测中奖概率
按钮 1	0.2	0.001	0.211
按钮 2	0.5	0.001	0.511
按钮 3	0.8	0.998	0.799

此时的策略基本收敛,行动次数基本是利用,到这里策略基本不再发生改变,机器人的行为方式趋于稳定,从环境获得奖励的效率最大化。

综上所述,在整个算法的进步过程中不计算 Q 表,只是调整不同动作被选择的概率,每次改变一点点,每次进步一点点,最终求得最优的策略,这就是策略迭代方法的思路。

至此可以概述地说,策略迭代的基本思路如下:

(1)在特定状态下有 N 个可选择的动作,每次以特定的概率选择一个动作执行。

(2)根据后续得到的反馈,修改各个动作被选择的概率。

(3)修改的依据是提高得高分的动作的概率,而降低得分低的动作的概率。

(4)反复迭代多次,最终收敛各个动作被选择的概率,也就求得了最优策略。

以上就是策略迭代算法的基本思路。

5.3   数学表达

经过上面的感性认识,相信读者已经大致了解了策略梯度方法是如何求得最优策略的,下面从数学层面大致介绍策略梯度函数的推导过程。

由于强化学习算法是从数据中学习的,所以首先要有数据才能谈后续的优化算法,一局正常的游戏会产生的数据大致如式(5-1)所示。

$$S_t, A_t, R_t, \quad S_{t+1}, A_{t+1}, R_{t+1}, \quad S_{t+2}, A_{t+2}, R_{t+2}, \cdots \tag{5-1}$$

根据策略梯度的思想,要求最大化后续的回报,但是此时此刻的时间是 t,对后续回报部分的最大化不能简单地进行求和,因为每个时刻的回报都是估计的,还没有发生,并且每个回报的估计程度都不同,越遥远的回报估计的成分越高,对目前动作的选择影响应该越小。为了体现这一点,所以将后续回报的折扣和写为 U 函数,如式(5-2)所示。

$$U_t = R_t + \text{gamma} \cdot R_{t+1} + \text{gamma}^2 \cdot R_{t+2} + \cdots + \text{gamma}^{n-t} \cdot R_n \tag{5-2}$$

大体上来看,U 函数是对每个回报进行加权求和,每步的回报都有一个权重,并且是越远的越小,因为越远的回报对目前的影响越小,最关心的是目前的回报,下一步的回报权重就会减轻,越往后减轻得越厉害。

接下来看 Q 函数,Q 函数是 U 函数的期望,Q 函数的定义如式(5-3)所示。

$$Q(s_t, a_t) = E[U_t \mid S_t = s_t, A_t = a_t] \tag{5-3}$$

从 Q 函数的定义来看,它计算的是在特定状态下执行特定动作,可以得到的后续折扣回报的和的期望,所以 Q 函数对选择动作具有非常强的指导意义。

虽然在前面的部分谈到在策略梯度算法中不需要计算 Q 表,但在策略梯度的推导中依然要用到 Q 函数,因为 Q 函数太重要了,只要是涉及动作选择的都绕不开它,但是在最终策略梯度算法的优化过程中会有办法替代 Q 函数的计算,此处暂时按下不表,在后续会进行说明。

定义 V 函数,V 函数表明了在一定的动作选择策略下,计算 Q 函数的期望,V 函数的定义如式(5-4)所示。

$$V_{\text{pi}}(s_t) = E_{A_t \sim \text{pi}(* \mid s_t; \text{theta})}[Q_{\text{pi}}(s_t, A_t)] \tag{5-4}$$

从式(5-4)可以看出,V 函数是 Q 函数的期望,这里的期望是和动作无关的,即求的是某种状态的价值,在一个好的状态无论做什么动作都不会太差,相反,在一个差的状态,无论做什么动作都不会太好,因此 V 函数评估的是某种状态的价值。

定义 J 函数,J 函数是对 V 函数的期望,J 函数的定义如式(5-5)所示。

$$J(\text{theta}) = E_S[V_{\text{pi}}(S)] \tag{5-5}$$

式(5-5)中的 theta 指的是策略的参数,通过调整 theta 进而影响策略,因此 J 函数计算的是某个策略的价值,即以某种特定的策略、方式去玩游戏,期望可以得到的分数有多高,一个好的策略总是能得高分,而差的策略总是得低分,所以说 J 函数评估的是策略的价值,或者说 J 函数评估的是一套动作策略是好还是不好。

根据生活中的一般经验,同样的游戏状态交给高手处理,总是比普通玩家要更好一些,因为高手有比普通玩家更优的策略参数,高手比普通玩家优秀是和游戏状态无关的,任何状态都是高手要更好一些。根据该指导思想,求 J 函数的最大化参数就是高手的策略参数了,也就找到了最优的行动策略,如式(5-6)所示。

$$\max_{\text{theta}} \to J(\text{theta}) \tag{5-6}$$

从式(5-6)可以看出,这要求一个函数的极值,而求一个函数的极值一般使用梯度上升方法,如式(5-7)所示。

$$\text{theta}_{\text{new}} = \text{theta}_{\text{now}} + \text{beta} \cdot \nabla_{\text{theta}} J(\text{theta}_{\text{now}}) \tag{5-7}$$

式(5-7)是一个典型的梯度上升的过程,只要反复迭代该式就可以求得原函数的极值。

式(5-7)计算的难点在于对 J 函数的求导,这里跳过复杂的求导过程,直接给出 J 函数的导函数,如式(5-8)所示。

$$\nabla_{\text{theta}} J(\text{theta}) = E_S \left[E_{A \sim \text{pi}(* \mid S; \text{theta})} \left[Q_{\text{pi}}(S, A) \cdot \nabla_{\text{theta}} \ln\text{pi}(A \mid S; \text{theta}) \right] \right] \tag{5-8}$$

式(5-8)即 J 函数的导函数,这个式子看起来十分复杂,但其实最复杂的,恐怕还是包括了 Q 函数。记得本书在前面介绍过想要精确计算 Q 函数是困难的,甚至是不可能的,所以这里的 Q 函数必须想办法替代,否则该函数将无法计算。

Q 函数的定义如式(5-3),可见 Q 函数是 U 函数的期望,U 函数的定义如式(5-2),对 U 函数的计算过程稍做变形,得到式(5-9)。

$$U_t = \sum_{k=t}^{n} \text{gamma}^{k-t} \cdot R_k \tag{5-9}$$

式(5-9)显然是一个可以计算的函数,既然 Q 函数是 U 函数的期望,就可以直接使用 U 函数的计算结果作为 Q 函数的无偏估计,这样的替代被称为蒙特卡洛采样法,替换后的 J 函数的导函数如式(5-10)所示。

$$\nabla_{\text{theta}} J(\text{theta}) = E_S \left[E_{A \sim \text{pi}(* \mid S; \text{theta})} \left[\sum_{k=t}^{n} \text{gamma}^{k-t} \cdot R_k \cdot \nabla_{\text{theta}} \ln\text{pi}(A \mid S; \text{theta}) \right] \right]$$

$$\tag{5-10}$$

至此,可以写出 theta 的更新过程,如式(5-11)所示。

$$\text{theta}_{\text{new}} = \text{theta}_{\text{now}} + \text{beta} \cdot \sum_{t=1}^{n} \text{gamma}^{t-1} \cdot U_t \cdot \nabla_{\text{theta}} \ln\text{pi}(A \mid S; \text{theta}) \tag{5-11}$$

式(5-11)中的 U_t 即式(5-9)。

以上就是策略梯度方法中更新函数的数学推导,其中的重点是对 J 函数的求导过程,最后得到式(5-10)的导函数,不过该函数的写法比较复杂,一般会写成式(5-12),这样会更加清晰一些,容易理解,也容易翻译为计算机代码。

$$\nabla_{\text{theta}} J(\text{theta}) = E \left[\sum_{i=0}^{T} \left(\sum_{j=i}^{T} \text{gamma}^{j=i} r_j \right) \nabla_{\text{theta}} \log\text{pi}_{\text{theta}}(a_i \mid s_i) \right] \tag{5-12}$$

虽然式(5-12)和式(5-10)表达的是同样的内容,但是式(5-12)看起来更加清晰直观,所以后续将会以式(5-12)为蓝本翻译为计算机代码,应用于策略梯度算法中。

式(5-12)在策略梯度算法中的应用很多,该公式十分重要,读者务必熟悉该函数。

5.4　小结

本章向读者介绍了在强化学习中非常重要的策略迭代的思想,所谓策略即机器人处理环境下各种状态的方法,好的策略可以得到高分,坏的策略常常得到低分,寻找一个好的策略,也就是策略迭代算法要完成的工作。

　　为了帮助读者理解策略迭代的思路,举了按按钮的例子向读者说明策略迭代的一般过程,这是一个感性的认识,读者需大致留下策略迭代过程的印象,在后续章节中会反复使用该思想。

　　最后从数学的角度推导了策略迭代方法的优化过程,事实上策略迭代方法是一个梯度上升的过程,求的是时刻 t 后续折扣回报的最大化,最后得出了梯度上升的导函数,该导函数十分重要,在后续章节中会反复使用,读者务必熟悉该函数,如果忘记了该函数,则可以回到本章来复习。

第 6 章

Reinforce 算法

6.1　基于策略的算法

第 5 章讲解了策略梯度算法,本章趁热打铁,来介绍 Reinforce 算法,Reinforce 算法可以说是最简单的基于策略的算法,在基于策略的算法中,Reinforce 算法的地位相当于 DQN 算法在基于价值的算法中的地位,可以说是非常常用且非常重要的。

在正式开始 Reinforce 算法的实现之前,由于算法从基于价值切换到了基于策略,所以有些组件需要进行一定的修改,下面来一一介绍。

6.2　组件修改

6.2.1　游戏环境

游戏环境依然使用平衡车游戏环境,如图 4-2 所示。该游戏环境在 DQN 章节中已经使用过,相信读者已经熟悉该游戏环境,故不再重复介绍。

6.2.2　神经网络模型

Reinforce 算法也是一个基于神经网络模型计算的算法,不过它使用的神经网络模型的结构和 DQN 算法不同,下面定义出 Reinforce 算法要使用的神经网络模型,代码如下:

```
#第6章/定义模型
import torch

#定义模型,计算每个动作的概率
model = torch.nn.Sequential(
    torch.nn.Linear(4, 64),
    torch.nn.ReLU(),
    torch.nn.Linear(64, 64),
    torch.nn.ReLU(),
    torch.nn.Linear(64, 2),
```

```
    torch.nn.Softmax(dim=1),
)

model
```

从上面的代码可以看出，虽然模型的结构依然非常简单，看起来和 DQN 算法所使用的模型十分相似，但 Reinforce 算法使用的模型的最后一层加了一层 Softmax() 层。由于多了这一层，Reinforce 算法所使用的神经网络模型和 DQN 算法所使用的模型的计算内容的含义是完全不同的，DQN 算法模型计算的是在某种状态下执行各个动作的价值，而 Reinforce 算法模型计算的是在某种状态下执行各个动作的概率，换句话说，该神经网络模型就是策略本身。后续优化的目标就是该神经网络模型中的参数。

6.2.3　play 函数

由于神经网络模型的结构修改了，现在神经网络模型计算的结果是各个动作的概率，既然是概率，就应该从该概率分布中进行采样，从而获得要真正执行的动作，否则计算概率也就没有意义了，所以需要修改 play() 的实现过程，代码如下：

```
from IPython import display
import random


#玩一局游戏并记录数据
def play(show=False):
    state = []
    action = []
    reward = []

    s = env.reset()
    o = False
    while not o:
        #根据概率采样
        prob = model(torch.FloatTensor(s).reshape(1, 4))[0].tolist()
        a = random.choices(range(2), weights=prob, k=1)[0]

        ns, r, o = env.step(a)

        state.append(s)
        action.append(a)
        reward.append(r)

        s = ns

        if show:
            display.clear_output(wait=True)
```

```
            env.show()

        state = torch.FloatTensor(state).reshape(-1, 4)
        action = torch.LongTensor(action).reshape(-1, 1)
        reward = torch.FloatTensor(reward).reshape(-1, 1)

        return state, action, reward, reward.sum().item()


state, action, reward, reward_sum = play()

reward_sum
```

在上面的代码中重点关注加粗的几行即可,加粗的部分即计算动作的部分,可以看到它是从模型计算出来的动作分布中进行随机采样的,从而获得动作并执行,这样就能让离散动作的策略连续化,便于优化,其他部分的代码没有修改,和 DQN 算法中的代码是一样的。

此外,Reinforce 算法中不会定义数据池,因为 Reinforce 算法是同策略,所以是无法使用数据池的。

6.3 Reinforce 算法

做完以上准备工作后,下面就可以着手实现 Reinforce 算法的代码了,根据策略梯度章节的推导,得到式(6-1)。

$$\nabla_{\text{theta}} J(\text{theta}) = E\left[\sum_{i=0}^{T}\left(\sum_{j=i}^{T}\text{gamma}^{j=i} r_j\right)\nabla_{\text{theta}}\text{logpi}_{\text{theta}}(a_i\mid s_i)\right] \quad (6\text{-}1)$$

式(6-1)是 J 函数的导函数,策略梯度算法优化的过程就是对 J 函数求极值的过程,所以式(6-1)非常重要,有了式(6-1)就可以开始实现 Reinforce 算法的代码了,代码如下:

```
#第 6 章/Reinforce 算法
def train():
    model.train()
    optimizer = torch.optim.Adam(model.parameters(), lr=5e-3)

    #训练 N 局
    for epoch in range(1000):

        #一个 epoch 最少玩 N 步
        steps = 0
        while steps < 200:

            #玩一局游戏,得到数据
            state, action, reward, _ = play()
            steps += len(state)
```

值,其实就是 Q(state,action),这里是用蒙特卡洛法估计的

```
(reward)):

(i, len(reward)):
    d[j]*0.99**(j - i)
s)
atTensor(value).reshape(-1, 1)

e).gather(dim=1, index=action)

-> partial value / partial action
8).log() *value
n(prob)):
    [i]*0.99**i
()


rad()

m([play()[-1] for _ in range(20)]) / 20
s.item(), test_result)
```

法的代码实现,重点应关注加粗的部分,这部分代码可以
value,这部分其实就是在使用蒙特卡洛采样法估计 Q 函
的定义如式(6-2)所示。

$$U_t = \sum_{k=t}^{n} \mathrm{gamma}^{k-t} \cdot R_k \qquad (6-2)$$

对照式(6-2)可以看出代码中的 value,完全就是式(6-2)的实现。下半部分则是式(6-1)
的实现。

此外,值得注意的是在训练过程中并没有使用数据池,因为 Reinforce 算法是同策略算
法,所以不能使用数据池,它只能使用自己玩出来的数据进行训练。

这样就根据策略梯度的思想实现了 Reinforce 算法,在训练过程中的输出如下:

```
0 -399.0014953613281 -984.35
100 16.253887176513672 43.5
200 15.093973159790039 200.0
300 14.943767547607422 200.0
400 15.018455505371094 200.0
```

```
500 13.527979850769043 200.0
600 13.958128929138184 200.0
700 15.38408088684082 200.0
800 14.28114128112793 200.0
900 13.549155235290527 200.0
```

输出重点关注最后一列即可,最后一列是在训练过程中每次测试所获得的分数,可以看到训练的过程还是很顺利的,很快测试的分数就能达到 200 分的高分,并且表现得十分稳定。

以上就是最简单的 Reinforce 算法的实现过程,此算法十分简单。下面将介绍几种对 Reinforce 算法改进的方法。

6.4 去基线

6.4.1 去基线的目的

回看式(6-2)U 函数的定义,能感觉出来 U 函数的计算方差是极大的,其实在做决策时更关心的是哪一个动作更好,某个动作比别的动作更好还是更不好,对状态本身的评分其实并不十分重要。由于 U 函数本身是状态相关的,所以导致了它的大方差,而 U 函数的计算结果要应用在式(6-1)中。

观察式(6-1),可以发现连加的部分是 U 函数的结果乘以动作的对数概率,这里显然动作的对数概率才是重点,U 函数的方差太大可能会导致喧宾夺主,导致动作的对数概率的声量被完全压过,这对训练是不利的,所以需要对 U 函数的计算结果进行一定的压制,以帮助动作的对数概率更好地表达。

为了更清晰地理解这一点,以表 6-1 来说明。

表 6-1 U 函数的计算结果

状　　态	U 函数	动作的对数概率	乘　　积
状态 1	5	-2.3	-11.5
状态 2	100	-1.6	-160
状态 3	200	-0.69	-138
状态 4	-50	-0.35	17.5
状态 5	-200	-0.1	20

从表 6-1 可以看出,由于 U 函数的计算结果方差很大,导致最终乘积结果基本取决于 U 函数的计算结果,动作的对数概率的缩放效果并不明显,这对训练的快速收敛不利。

要解决该问题,常见的办法是额外计算一份 U 函数的基线,然后使用该基线对 U 函数的计算结果去基线,这样就缩小了 U 函数的方差,压制了 U 函数的表达,这样就能让动作的对数概率更好地表达,该过程如表 6-2 所示。

表 6-2 去基线的 U 函数的计算结果

状 态	U 函数	基 线	去基线 U 函数	动作的对数概率	乘 积
状态 1	5	4.9	0.1	-2.3	-0.23
状态 2	100	99.9	0.1	-1.6	-0.16
状态 3	200	198.9	1.1	-0.69	-0.759
状态 4	-50	-49.9	-0.1	-0.35	0.035
状态 5	-200	-198.9	-1.1	-0.1	0.11

从表 6-2 可以看出,去基线后的 U 函数不再有太大的声量了,这样动作的对数概率就能很好地进行表达了,这对训练是有利的。

6.4.2 实现去基线

有了以上理论知识指导,现在就可以实现去基线版的 Reinforce 算法了。和之前实现的简单版的 Reinforce 算法不同,这里需要两个神经网络模型,一个用于计算策略本身,另一个用于评估 U 函数的基线,代码如下:

```
#第 6 章/定义去基线的模型
import torch

#定义模型,计算每个动作的概率
model_action = torch.nn.Sequential(
    torch.nn.Linear(4, 64),
    torch.nn.ReLU(),
    torch.nn.Linear(64, 64),
    torch.nn.ReLU(),
    torch.nn.Linear(64, 2),
    torch.nn.Softmax(dim=1),
)

#基线模型,评估 state 的价值
model_baseline = torch.nn.Sequential(
    torch.nn.Linear(4, 64),
    torch.nn.ReLU(),
    torch.nn.Linear(64, 64),
    torch.nn.ReLU(),
    torch.nn.Linear(64, 1),
)

model_action, model_baseline
```

可以看到动作模型本身没有修改,基线模型是一个简单的线性神经网络。

定义一个函数,用于计算 U 函数,和前面一样,这里采用的是蒙特卡洛采样法估计的,代码如下:

```
#第 6 章/蒙特卡洛采样法评估 value
def get_value(reward):
    #计算当前 state 的价值,其实就是 Q(state,action),这里是用蒙特卡洛法估计的
    value = []
    for i in range(len(reward)):
        s = 0
        for j in range(i, len(reward)):
            s += reward[j] *0.99**(j - i)
        value.append(s)

    return torch.FloatTensor(value).reshape(-1, 1)


value = get_value(reward)

value.shape
```

以上代码使用蒙特卡洛采样法评估 U 函数,也就是 value。

接下来可以定义训练基线模型的代码了,由于基线模型就是用于评估 value 的值的线性神经网络,所以简单地计算 MSE Loss 即可,代码如下:

```
#第 6 章/训练 baseline 模型
def train_baseline(state, value):
    baseline = model_baseline(state)

    loss = torch.nn.functional.mse_loss(baseline, value)
    loss.backward()
    optimizer_baseline.step()
    optimizer_baseline.zero_grad()

    return baseline.detach()


baseline = train_baseline(state, value)

baseline.shape
```

可以看到基线模型的训练还是非常简单的,也就是简单地计算均方差即可,最后把基线模型的评估结果返回,因为在动作模型的训练过程中还要用到这份数据。

下面可以定义训练动作模型的函数了,其实该函数就是 Reinforce 算法的实现,只是从 value 中减去了基线的部分,从而缩小了 value 的方差,代码如下:

```
#第 6 章/训练 action 模型
def train_action(state, action, value, baseline):
    #重新计算动作的概率
```

```
prob = model_action(state).gather(dim=1, index=action)

#求 Q 最大的导函数 -> partial value / partial action
#注意这里的 Q 使用前要去基线,这也是 baseline 模型存在的意义
prob = (prob + 1e-8).log() * (value - baseline)
for i in range(len(prob)):
    prob[i] = prob[i] * 0.99**i
loss = -prob.mean()

loss.backward()
optimizer_action.step()
optimizer_action.zero_grad()

return loss.item()


train_action(state, action, value, baseline)
```

可以看到这就是非常标准的 Reinforce 算法的实现过程,重点可以关注代码中的加粗部分,这部分用于对 value 去除基线,这样就能缩小 value 的方差,帮助动作模型更好地收敛。

定义好了以上工具函数,现在就可以执行去基线版的 Reinforce 算法的训练了,代码如下:

```
#第 6 章/去基线版 Reinforce 算法
def train():
    model_action.train()
    model_baseline.train()

    #训练 N 局
    for epoch in range(1000):

        #一个 epoch 最少玩 N 步
        steps = 0
        while steps < 200:

            #玩一局游戏,得到数据
            state, action, reward, _ = play()
            steps += len(state)

            #训练两个模型
            value = get_value(reward)
            baseline = train_baseline(state, value)
            loss = train_action(state, action, value, baseline)

        if epoch % 100 == 0:
            test_result = sum([play()[-1] for _ in range(20)]) / 20
```

```
            print(epoch, loss, test_result)


train()
```

训练代码本身是非常标准的结构,重点即调用前面定义好的 3 个工具函数,反复训练两个模型,直至收敛即可。在训练过程中的输出如下:

```
0 -655.6979370117188 -981.0
100 -32.240211486816406 -773.9
200 28.213363647460938 145.75
300 31.198749542236328 147.25
400 30.996339797973633 200.0
500 22.092092514038086 200.0
600 24.341480255126953 200.0
700 16.99460220336914 149.8
800 17.09764862060547 200.0
900 18.121004104614258 200.0
```

可以看到模型训练的效果还是十分好的,很快就能取得不错的成绩,可见训练的过程是有效且成功的。以上就是去基线版的 Reinforce 算法的实现过程。

6.5 熵正则

6.5.1 动作分布概率收敛太快的弊端

上面虽然实现了 Reinforce 算法,并且也取得了不错的成绩,但是这些算法训练出来的机器人都太过死板了,它们往往在遇到特定状态的时候总是采取同样的行动,虽然 Reinforce 算法模型的计算结果是动作的分布,按道理来讲既然是动作分布,那应该天然地具有随机性,从而帮助机器人更好地探索环境,发现更优的路径,但是大多数的动作分布收敛得太快了。

有时一个不好的反馈会让机器人"一朝被蛇咬,十年怕井绳",例如一名学生骑自行车,但是他不小心摔倒了,这次摔倒对他的打击如此深刻,以至于他从此对自行车患上了应激障碍,从此他再也不敢骑自行车了。

或者偶尔的一个好的反馈会让机器人从此走上不归路,这就像一名学生不做作业,但是刚好第 2 天老师没有检查,他明明做了错事,但反而获得了正面的反馈,鼓励他以后更多地不做作业,从此养成坏习惯。

以上两种情况都是强化学习训练过程所不想要的。为了让机器人不太过分敏感,提出了熵正则方法,熵正则的思想是把动作的熵加入训练时的 loss 中,以告诉机器人要考虑动作的熵,从而不让动作分布的概率收敛得太快,从而降低机器人学习的敏感度,以更多的数据量来帮助机器人进行学习,从而达到更好的性能。

6.5.2　熵

相信读者都知道熵是衡量混乱程度的概念,当系统中的混乱程度达到最大时,熵最大,反之,当系统的有序程度达到最大时,熵最小。

在动态的概率分布中应用熵的概念,即求动作分布的不确定性,当动作分布的概率极端时,即熵最小,这时在某种状态下采取哪个动作是完全确定的,这样机器人就表现得很死板。

反之,当动作分布的概率均衡时,即熵最大,此时在某种状态下采取哪个动作是很难确定的,机器人表现得比较灵活。

以概率分布计算熵一般使用式(6-3)进行计算。

$$H(x) = -[p(x) \cdot \ln p(x) + (1 - p(x)) \cdot \ln(1 - p(x))] \tag{6-3}$$

假设概率的分布在 0~1,则熵函数的图像如图 6-1 所示。

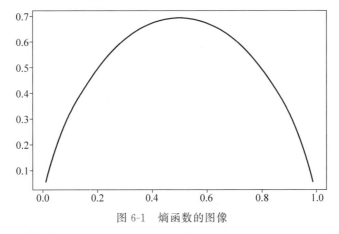

图 6-1　熵函数的图像

当概率分布极端时熵最小,而当概率分布处于 0.5 时熵最大,此时任何动作出现的概率相等,理论上无法预测会出现哪个动作,这时机器人的行为是最灵活的,而这正是在训练过程中所想要的。

6.5.3　实现熵正则

根据以上指导思想,实现加入熵正则的 Reinforce 算法,代码如下:

```
#第 6 章/加入熵正则的 Reinforce 算法
def train():
    model.train()
    optimizer = torch.optim.Adam(model.parameters(), lr=5e-3)

    #训练 N 局
    for epoch in range(1000):

        #一个 epoch 最少玩 N 步
```

```
        steps = 0
        while steps < 200:

            #玩一局游戏,得到数据
            state, action, reward, _ = play()
            steps += len(state)

            #计算当前 state 的价值,其实就是 Q(state,action),这里是用蒙特卡洛法估计的
            value = []
            for i in range(len(reward)):
                s = 0
                for j in range(i, len(reward)):
                    s += reward[j] *0.99** (j - i)
                value.append(s)
            value = torch.FloatTensor(value).reshape(-1, 1)

            #重新计算动作的概率
            prob = model(state).gather(dim=1, index=action)

            #求 Q 最大的导函数 -> partial value / partial action
            loss = (prob + 1e-8).log() *value
            for i in range(len(loss)):
                loss[i] = loss[i] *0.99**i
            loss = -loss.mean()

            #计算动作的熵,越大越好
            entropy = prob * (prob + 1e-8).log()
            entropy = -entropy.mean()
            loss -= entropy *5

            loss.backward()
            optimizer.step()
            optimizer.zero_grad()

        if epoch % 100 == 0:
            test_result = sum([play()[-1] for _ in range(20)]) / 20
            print(epoch, loss.item(), entropy.item(), test_result)


    train()
```

上面的代码根据 Reinforce 算法的代码修改而来,主要应关注代码中加粗的部分,即计算熵正则的部分,这部分代码首先计算出了动作的熵,然后把动作的熵加入了要优化的 loss 中,从而告诉神经网络不能让熵的值太小,这样就使动作概率的分布更加不确定了,从而避免动作概率太快地极端收敛,这样就能训练出更加健壮的策略模型。

```
0 -590.851318359375 0.33475616574287415 -983.05
100 14.871795654296875 0.2545207142829895 200.0
200 15.10959243774414 0.2453250139951706 96.6
300 15.055750846862793 0.23422563076019287 200.0
400 14.361923217773438 0.2557045817375183 200.0
500 15.0393648147583 0.245320662856102 145.25
600 15.268821716308594 0.2585984170436859 200.0
700 15.385765075683594 0.2580231726169586 92.6
800 15.595657348632812 0.25203099846839905 144.8
900 14.314332962036133 0.24231958389282227 200.0
```

可以看到模型收敛的速度降低了很多，但只要提高训练的量最终还是可以得到一个性能优秀的策略模型，并且从数值的趋势上也能看出模型总体上是在向着正面的方向进步的。以上就是加入了熵正则的 Reinforce 算法的实现过程。

6.6 小结

本章介绍了第 1 个，也是最简单的基于策略的强化学习算法：Reinforce 算法。Reinforce 算法本身并不复杂，主要是策略梯度的推导过程要理解清楚。由于 Reinforce 算法是同策略算法，所以它不能使用其他智能体产生的数据进行学习，这一点务必注意。

Reinforce 提出的去基线，以及熵正则方法都是很好的提升学习效果的技巧，在后续介绍的其他算法中也有应用。

高级算法篇

第 7 章

AC 和 A2C 算法

7.1 时序差分和策略梯度的结合

在前面的章节中介绍了基于价值的算法和基于策略的算法,这两种算法使用不同的方法来进行强化学习的训练,两种算法的代表分别是 DQN 算法和 Reinforce 算法。

经过这两种代表算法的学习,读者也许会好奇,能否结合使用这两种优化算法,取长补短,进而获得一个更优的优化算法呢? 本章要介绍的 AC(Actor Critic,演员评委)和 A2C(Advantage Actor Critic,优势演员评委)算法正是在这样的思考下诞生的强化学习算法。

回忆一下在策略梯段算法中,最终的目的是要最大化后续折扣回报的期望,求该函数的导函数如式(7-1)所示。

$$\nabla_{\text{theta}} J(\text{theta}) = E\left[\sum_{i=0}^{T}\left(\sum_{j=i}^{T} \text{gamma}^{j=i} r_j\right) \nabla_{\text{theta}} \text{logpi}_{\text{theta}}(a_i \mid s_i)\right] \quad (7\text{-}1)$$

Reinforce 算法其实只是应用式(7-1)来最大化后续折扣回报的期望,属于单纯的理论实现。仔细观察式(7-1)可以发现其中包括两部分的乘积,前者是使用蒙特卡洛采样法估计的 Q 函数的值,后者是采取动作的对数概率。

经过 Reinforce 算法的学习,了解到在 Reinforce 算法中就是单纯地使用蒙特卡洛采样法硬算 Q 函数的期望,这样死算费时费力,而且不见得就精确,如果能有办法替代这部分的计算就好了。

AC 算法正是考虑到解决这一问题而诞生的,AC 算法使用一个神经网络模型去拟合式(7-1)中估计 Q 函数的部分,这样能极大地提高计算的效率,通过模型的体量和训练量来提高拟合的精确度。

7.2 AC 算法介绍

下面跳过复杂的理论部分,直接来看在 AC 算法中是如何训练该神经网络模型的,如图 7-1 所示。

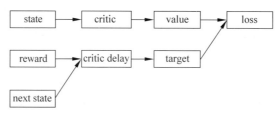

图 7-1 critic 模型的 loss 的计算过程

critic 模型是一个典型的双模型系统,分为模型本体(负责计算 value)和延迟更新模型(负责计算 target),最终 loss 的计算为 value 和 target 求误差,这是典型的时序差分算法的思路,相信学习过前面章节的读者对此并不陌生。

经过图 7-1 所示的计算过程,就获得了 loss,使用 loss 更新 critic 模型参数的过程如图 7-2 所示。

图 7-2 critic 模型更新参数的过程

使用 loss 更新 critic 模型本身是立刻执行的,不存在延迟,但是一般会在更新过本体模型很多次以后,才会将参数同步到延迟模型中,这是典型的双模型系统的工作方式,如果读者已经忘记了为什么要这样做,则可以回到 DQN 算法章节去复习,此处不再赘述。

通过上述一系列的工作,就获得了能评估 Q 函数的 critic 模型,可以使用该模型的计算结果替代式(7-1)中蒙特卡洛采样的部分,虽然 critic 模型本身在训练的过程中还需要使用蒙特卡洛采样法估计 Q 函数,但是只要精度不偏差太大,critic 模型的训练次数就可以酌情降低,从而节省计算资源的消耗,提高训练的效率。

回顾上面的内容,该模型被命名为 critic(评委),相应地,原动作模型就被命名为 actor(演员),顾名思义,评委要对演员的表演做出评价,演员要根据评委的打分调整自己表演的策略,对评委的要求是打分尽量准确、无偏差,对演员的要求是从评委那里获得高分。

从整个算法系统的结构上来看,演员和评委确实构成了这样的一个体系,该算法的名字——AC 算法由此而来。

7.3 实现 AC 算法

7.2 节介绍了 AC 算法实现的思路,并介绍了 critic 模型的训练方法,下面就开始着手实现 AC 算法的代码,此处使用的游戏环境依然是平衡车游戏环境。

7.3.1 定义模型

首先把 AC 算法中需要使用的神经网络模型都定义出来,代码如下:

```
#第 7 章/定义模型
import torch

#演员模型,计算每个动作的概率
model_actor = torch.nn.Sequential(
    torch.nn.Linear(4, 64),
    torch.nn.ReLU(),
    torch.nn.Linear(64, 64),
    torch.nn.ReLU(),
    torch.nn.Linear(64, 2),
    torch.nn.Softmax(dim=1),
)

#评委模型,计算每种状态的价值
model_critic = torch.nn.Sequential(
    torch.nn.Linear(4, 64),
    torch.nn.ReLU(),
    torch.nn.Linear(64, 64),
    torch.nn.ReLU(),
    torch.nn.Linear(64, 1),
)

model_critic_delay = torch.nn.Sequential(
    torch.nn.Linear(4, 64),
    torch.nn.ReLU(),
    torch.nn.Linear(64, 64),
    torch.nn.ReLU(),
    torch.nn.Linear(64, 1),
)

model_critic_delay.load_state_dict(model_critic.state_dict())

model_actor, model_critic
```

可以看到在 AC 算法中一共有 3 个模型,其中有 1 个 actor 模型,负责计算动作的策略,它的计算结果是选择各个动作的概率。

第 2 个模型是 critic 模型,它负责评估 state 的价值,即 Q 函数的值。

最后一个模型是 critic 模型的延迟更新模型,在计算 critic 模型的 loss 时需要用到该模型。它和 critic 模型的本体组成了一套双模型系统。

7.3.2　训练 critic 模型

接下来就可以根据本章开头部分的讲述,来实现 critic 模型的训练过程了,代码如下:

```
#第 7 章/训练 critic 模型
def train_critic(state, reward, next_state, over):
    requires_grad(model_actor, False)
```

```
        requires_grad(model_critic, True)

        #计算 values 和 targets
        value = model_critic(state)

        with torch.no_grad():
            target = model_critic_delay(next_state)
        target = target *0.99 *(1 - over) + reward

        #时序差分误差,也就是 tdloss
        loss = torch.nn.functional.mse_loss(value, target)

        loss.backward()
        optimizer_critic.step()
        optimizer_critic.zero_grad()

        return value.detach()


    value = train_critic(state, reward, next_state, over)

    value.shape
```

可以看到和前面介绍的思路一样,使用了时序差分的思路来训练 critic 模型,从而让 critic 模型评估的 Q 值更加准确,critic 模型计算的结果需要在训练 actor 模型时用到。

7.3.3　训练 actor 模型

有了 critic 模型的计算结果之后,现在就可以来定义训练 actor 模型的过程了,代码如下:

```
#第 7 章/训练 actor 模型
def train_actor(state, action, value):
    requires_grad(model_actor, True)
    requires_grad(model_critic, False)

    #重新计算动作的概率
    prob = model_actor(state)
    prob = prob.gather(dim=1, index=action)

    #根据策略梯度算法的导函数实现
    #函数中的 Q(state,action),这里使用 critic 模型估算
    prob = (prob + 1e-8).log() *value
    loss = -prob.mean()

    loss.backward()
    optimizer_actor.step()
```

```
        optimizer_actor.zero_grad()

        return loss.item()


train_actor(state, action, value)
```

可以看到这段代码就是标准的策略梯度算法的实现,只是评估 Q 函数的部分使用了 critic 模型的计算结果替代,从而节省了大量的计算资源,其他部分的计算过程在策略梯度算法和 Reinforce 算法中都已经有过介绍,不再赘述。

7.3.4　执行训练

有了上面两个辅助函数,现在可以写出 AC 算法的训练函数了,代码如下:

```
#第 7 章/AC 算法训练
def train():
    model_actor.train()
    model_critic.train()

    #训练 N 局
    for epoch in range(1000):

        #一个 epoch 最少玩 N 步
        steps = 0
        while steps < 200:
            state, action, reward, next_state, over, _ = play()
            steps += len(state)

            #训练两个模型
            value = train_critic(state, reward, next_state, over)
            loss = train_actor(state, action, value)

        #复制参数
        for param, param_delay in zip(model_critic.parameters(),
                                model_critic_delay.parameters()):
            value = param_delay.data * 0.7 + param.data * 0.3
            param_delay.data.copy_(value)

        if epoch % 100 == 0:
            test_result = sum([play()[-1] for _ in range(20)]) / 20
            print(epoch, loss, test_result)


train()
```

从上面的代码中可以看出,critic 模型和 actor 模型是共同进步的,彼此交替训练,这有点像 GAN 训练法,通过训练量平衡彼此的实力,尽量避免出现一方过强的情况,这样有助于它们共同进步,让训练的过程保持稳定。

此外还可以看出 AC 算法和 DQN 算法的一处不同,在 AC 算法中延迟更新是"小步快跑"的,在每个时间步都同步一点点,而不是像 DQN 算法那样过一段时间完全同步,这个小小的创新能帮助 AC 算法更有效率、更稳定地更新。

在训练过程中的输出如下:

```
0 -7.496856212615967 -980.05
100 -296.3982238769531 -937.9
200 -245.56146240234375 -57.95
300 -208.5748748779297 -884.4
400 -59.092411041259766 200.0
500 -46.43401336669922 200.0
600 -8.897034645080566 200.0
700 -7.917058944702148 200.0
800 -1.8229550123214722 200.0
900 7.047328948974609 200.0
```

可以看到训练的结果还是非常好的,测试的结果很快就能达到 200 分的高分,十分稳定。

7.4 A2C 算法介绍

上面介绍了 AC 算法的思路和实现过程,在 Reinforce 算法中介绍过在策略梯度算法中,对 Q 函数估值的部分去基线往往能取得更好、更稳定的结果,该思路也可以被应用在 AC 算法中,如果进行了该优化,则 AC 算法就进化为 A2C 算法。

通过上面的学习了解到 AC 算法不再使用蒙特卡洛采样法估计 Q 函数,而是使用一个神经网络模型去拟合 Q 函数,回忆一下在 Reinforce 算法中,为了去基线也训练了一个神经网络模型并以此去拟合 Q 函数,这算是一种殊途同归,想到一起去了。

由于 AC 算法本身就已经使用了一个神经网络模型去拟合 Q 函数,所以 AC 算法想要对 Q 函数去基线有 Reinforce 算法所不具备的优势,AC 算法并不需要专门训练一个神经网络模型去评估 Q 函数的基线。

此处跳过复杂的理论论证过程,直接给出做法:还记得 AC 算法中的 critic 模型是一套双模型系统吗? 只要简单地以延迟模型计算出来的 target,减去 critic 模型计算出来的 value 就可以对 Q 函数去基线了,是不是非常简单呢? AC 算法和 A2C 算法的差别就在于此,其他都是完全一样的。

此处再给出一个感性的认识,target 是根据 next state 估计出来的,value 是根据 state 估计出来的,两者相差一个时间步,而这一个时间步就是由 actor 模型所做出的动作决定的,所以两者的差值可以视为 actor 动作选择好坏的衡量,这可以作为 actor 模型训练的依据。

7.5 实现 A2C 算法

既然了解到 A2C 算法的创新点，不妨动手实现 A2C 算法的代码，以验证以上理论的正确性。只要修改训练 critic 模型的函数即可，代码如下：

```
#第 7 章/A2C 算法训练 critic 模型
def train_critic(state, reward, next_state, over):
    requires_grad(model_actor, False)
    requires_grad(model_critic, True)

    #计算 values 和 targets
    value = model_critic(state)

    with torch.no_grad():
        target = model_critic_delay(next_state)
    target = target * 0.99 * (1 - over) + reward

    #时序差分误差，也就是 tdloss
    loss = torch.nn.functional.mse_loss(value, target)

    loss.backward()
    optimizer_critic.step()
    optimizer_critic.zero_grad()

    #减去 value，相当于去基线
    return (target - value).detach()


value = train_critic(state, reward, next_state, over)

value.shape
```

上面的代码重点关注加粗的部分即可，可以看到返回值由返回 value 改为返回 target 和 value 的差，这和上面讲述的理论部分一致，其他的代码都是完全一样的。做了这样一个小小的修改，算法就从 AC 算法进化为 A2C 算法了。

下面是 A2C 算法在训练过程中的输出：

```
0 -45.02870178222656 -980.8
100 -1.033004879951477 -314.45
200 3.2805840969085693 -694.1
300 0.5094745755195618 -210.6
400 -2.177739143371582 -730.3
500 0.9841430187225342 200.0
600 -0.7153235077857971 200.0
700 0.1674824208021164 200.0
```

```
800 -0.20255199074745178 200.0
900 0.11738529801368713 200.0
```

可以看到训练过程十分稳定、平滑，最终机器人也能取得 200 分的高分，表现良好。

7.6　小结

本章介绍了第 1 个同时使用时序差分和策略梯度的强化学习算法——AC 算法，以及 AC 算法的改进型——A2C 算法，事实上 AC 算法的优化及改进不仅只有 A2C 算法，还有其他的各种各样的改进型，比较著名的有 A3C 算法等，不过这些算法还是在沿着 AC 算法的思路对性能进行改进，重复度比较高，故本书不再进行深入研究，感兴趣的读者可以自行探究。

AC 算法提出的“演员评委”模型很大程度上启发了后续算法模型的提出，确实在该模型中常常有 GAN 系统的“既视感”，这也算是强化学习和数据生成类深度学习任务的殊途同归。本书后续要介绍的很多算法也遵循 AC 算法提出的“演员评委”模型。

第 8 章

近端策略优化

本章来介绍非常重要的近端策略优化算法,该算法也就是非常著名的 PPO(Preferred Provider Organization,近端策略优化)算法,考虑到 PPO 算法的流行度,以及 PPO 算法在 RLHF(Reinforcement Learning from Human Feedback,通过人类反馈进行强化学习)训练法中的成功应用,本章来梳理近端策略优化算法的思路。

近端策略优化算法的理论比较复杂,难以理解,是强化学习过程中的难点,为了向读者更好地解释近端策略优化算法的原理,笔者尽量少使用数学解释,更多地使用感性的方法讲解。

8.1 重要性采样

近端策略优化算法是策略梯度算法的改进,如果要理解近端策略优化算法,则要先回顾一下策略梯度算法,以发现策略梯度算法的缺点,以及近端策略优化算法是如何克服这些缺点的。

回忆一下在策略梯度算法的数学推导中,有一步是式(8-1)。

$$V_{pi}(s_t) = E_{A_t \sim pi(*|s_t;theta)} \left[Q_{pi}(s_t, A_t) \right] \tag{8-1}$$

策略梯度算法优化的目标是最大化式(8-1)的期望,这里来直观地理解一下式(8-1)的内容。式(8-1)是一个乘积的期望,其中包括两个因数,分别是动作被采用的概率和 Q 函数。直观地理解就是要最大化高 Q 值的动作的概率,这是符合直觉的,任何状态都应该采取 Q 值最大的动作执行,所以应该最大化该动作的概率。

在同一种状态下各个动作被选择的概率是零和博弈的,提高其中一个动作被选择的概率,意味着降低其他动作被选择的概率。

考虑式(8-1)的最终结果是各个动作被选择的概率和其 Q 值的乘积,而各个动作对应的 Q 值是客观固定的,因此要最大化乘积,显然应该提高 Q 值高的动作被选择的概率,而降低那些 Q 值低的动作被选择的概率。

以上推理十分直观,最终目标是最大化式(8-1),但仔细想想对于一个优化算法来讲,式(8-1)的直接计算结果其实并不是那么具有指导意义,对于优化算法来讲,可能更在乎的是调整动作的概率之后式(8-1)的计算结果是上升了,还是下降了,而不是式(8-1)的直接计算结果,所以应该说,与绝对结果相比,相对结果更加具有指导意义。

如果把式(8-1)化简,则可以简单地表示为式(8-2),出于简单起见,后续将基于该简化式进行讲解。

$$V(s) = \sum_a p(a) \cdot Q(s,a) \tag{8-2}$$

根据以上指导思想,将式(8-2)转换为式(8-3)。

$$\max \rightarrow \sum_a \left[\frac{p_{\text{now}}(a)}{p_{\text{old}}(a)} \right] \cdot Q(s,a) \tag{8-3}$$

从式(8-3)可以看出,动作概率的部分被替换为两份动作概率的比值,分别是优化前的动作概率和优化后的动作概率,所以式(8-3)计算的是经过调整的动作概率是更好了,还是更不好了,所以该函数的计算结果对优化算法来讲更有指导意义。

试想一下,在优化算法执行调整之前,新旧动作概率相等,比值应该等于1,此时仅考虑各个 Q 值的大小。

但是随着优化算法不断地调整各个动作的概率,比值出现缩放效应,此时不同动作概率的比值会对不同大小的 Q 值进行缩放,显而易见,应该放大大的 Q 值,而缩小小的 Q 值。有了这样的指导信息,优化算法能更简单明确地完成任务。

以上就是近端策略优化算法提出的针对策略梯度算法的第1个优化点,即以调整前后的动作概率的比值替代直接的动作概率,能更简单地明确动作概率调整的方向。

在以往的策略梯度算法中还有一个难以克服的痛点,即数据的利用率太低,因为策略梯度算法是同策略算法,所以无法使用数据池,它无法从非自身产生的数据中学习,所以数据的利用率不高,而数据在某些环境中可能是非常珍贵的,必须想办法提高这些数据的利用率。

由于上面重要性采样提出的改进,所以现在一批数据可以被用于反复训练多次,回顾一下式(8-3),式中的两个动作概率都是由同一批数据产生的,所以可以出现这样的优化方式:

(1)同一批数据计算两份动作概率,即新、旧概率,理论上这两份动作概率此时完全相等。

(2)只要使用优化算法调整模型参数,新的动作概率就会发生变化,也就导致了新、旧动作概率的比值发生缩放效应。

(3)反复执行上述过程多次,由于计算的是新、旧动作概率的比值,所以同一批数据可以被应用多次,也就提高了数据的利用率。

所以在近端策略优化算法中数据的利用率是更高的,这可以节省大量的资源。

以上方法被称为重要性采样,上面采用了比较感性的方式来介绍,其实更严谨的解释应该是通过重要性采样,把需要优化的策略和产生数据的策略解耦,从而在某种程度上把策略梯度算法从一个同策略算法修改成近似异策略算法,从而提高数据的利用率。这种解释更加数学化,本书不再深入展开。

8.2　惩罚与裁剪

通过上面的讲述,可以看到使用式(8-3)替代式(8-2)是有很多好处的,不仅能提高优化的效率,还能提高数据的利用率,但是该修改也引入了新的问题,式(8-3)中包括了一个分数,即新、旧动作的概率的比值,既然是分数,就可能出现畸变的可能,例如分子和分母差距过大而导致计算结果为一个大数,这可能会导致数值崩溃。

换个角度来理解该问题,旧的概率可以视为新的概率的示范,两者的比值衡量了新的概率相比示范动作的变化率,两者不应该相差太远,否则可能会导致数值畸变,进而导致整个学习过程失败。

有几种方法解决该问题,下面对这些方法进行一一介绍。

8.2.1　约束 K-L 散度法

第 1 种方法:约束 K-L 散度法,如式(8-4)所示。

$$\max \to \sum_a \left[\frac{p_{now}(a)}{p_{old}(a)} \right] \cdot Q(s,a)$$
$$\text{s. t. K-L}(p_{now}, p_{old}) < \text{delta} \tag{8-4}$$

从式(8-4)可以看出,优化的目标依然是式(8-3),不过在优化过程中加入了一项约束,要求新旧概率的 K-L 散度必须小于 delta,这样就限制了新旧概率的差异,从而保证了整个优越过程中的稳定。

该方法的缺点是太过于死板,超参数 delta 难以确定,而且一个有约束的优化问题的求解难度要远大于无约束的优化问题,计算复杂度比较大。

一个重要的实现算法:TRPO(Trust Region Policy Optimization,信赖域策略优化)算法就是应用了该方法。

8.2.2　惩罚 K-L 散度法

第 2 种方法:惩罚 K-L 散度法,如式(8-5)所示。

$$\max \to \sum_a \left[\frac{p_{now}(a)}{p_{old}(a)} \right] \cdot Q(s,a) - \text{beta} \cdot \text{K-L}(p_{now}, p_{old}) \tag{8-5}$$

从式(8-5)可以看出,该方法是把新旧概率的 K-L 散度加入了优化目标,相比约束法,惩罚法没有约束条件,所以计算的难度更低,并且更加灵活。

8.2.3　重要性采样裁剪法

第 3 种方法:重要性采样裁剪法,如式(8-6)所示。

$$\max \to \sum_a \text{clip}\left(\left[\frac{p_{now}(a)}{p_{old}(a)} \right], 1 - \text{epsilon}, 1 + \text{epsilon} \right) \cdot Q(s,a) \tag{8-6}$$

从式(8-6)可以看出,该方法是最简单的,直接对重要性采样的部分进行了上下限裁剪,通过这样的裁剪就避免了数值畸变的问题。

简单起见,式(8-6)中省略了部分内容,此处读者只需理解该方法是对重要性采样部分进行了裁剪即可。

PPO算法就是应用了该方法。

8.3　优势函数

近端策略优化算法还提出了另一项改良的思想,即使用优势函数替代式(8-3)中的 Q 函数,优势函数的定义如式(8-7)所示。

$$A(s,a) = Q(s,a) - V(s) \tag{8-7}$$

式(8-7)中的 V 函数即评估在特定 state 下期望可以得到的后续折扣回报的和,粗浅地说,它衡量了策略的性能。V 函数的定义如式(8-1)所示。

从式(8-7)可以看出,优势函数衡量了采取某个动作的 Q 函数,相比使用现在策略能取得的后续折扣回报和的增减,粗浅地说,它衡量了某个动作比现有动作好多少,或者坏多少。

对于优化算法来讲,更关心的是采取某个动作相比现有的策略是提升了还是下降了,而不是具体的 Q 值的绝对大小,这一点有点类似重要性采样的思想。

在前面的章节中叙述过 Q 函数的方差是很大的,过大的数值波动不利于优化算法的稳定,而式(8-7)所示的优势函数,求的是 Q 函数和 V 函数的差,看起来像是一个去了基线的 Q 函数,所以很显然它的方差要远小于 Q 函数,这对优化算法的稳定具有积极意义,能帮助优化过程保持稳定。

所以使用优势函数替代 Q 函数,能更有效地指导优化算法调整策略,并且对数值稳定具有积极意义。基于以上思想,将近端策略优化算法的优化目标修改为式(8-8)。

$$\max \to \sum_a \left[\frac{p_{\text{now}}(a)}{p_{\text{old}}(a)} \right] \cdot A(s,a) \tag{8-8}$$

对比式(8-8)和式(8-3)可以发现,式(8-8)是把式(8-3)中的 Q 函数替换为优势函数,替换后的优化目标更加明确,更加容易训练。

8.4　广义优势估计

从式(8-8)可以看出,优化目标中包括了优势函数,以前在使用 Q 函数时介绍过,精确地计算 Q 函数几乎是不可能的,所以代码中使用的 Q 函数大多是估计的,此处要使用的优势函数也是估计的,估计优势函数比较主流的方法是广义优势估计,如式(8-9)所示。

$$A_t = r_t + \text{gamma} \cdot V(s_{t+1}) - V(s_t) \tag{8-9}$$

从式(8-9)可以看出,整个式子可以进行拆分,为了便于后续的讲解,这里拆分为式(8-10)。

$$\begin{cases} \text{target} = r_t + \text{gamma} \cdot V(s_{t+1}) \\ \text{value} = V(s_t) \\ A_{t+1} = \text{target} - \text{value} \end{cases} \tag{8-10}$$

从式(8-10)可以看出,整个式子的计算结果是一个差,前面的部分是 target,后面的部分是 value,看起来有点像时序差分算法中的 target 和 value。

在时序差分算法中了解到,target 是根据 $t+1$ 时刻的状态和 t 时刻的反馈估计出来的 t 时刻的价值,而 value 是根据 t 时刻的状态估计出来的价值,理论上两者应该相等。

如果两者不相等,则肯定是因为 t 时刻发生了些什么,导致两者不相等了,而 t 时刻只发生了一件事情,也就是做出了一个动作,所以两者价值的差,也就是该动作性能的衡量,可以以这个差来近似估计优势函数,这种方法被称为广义优势估计,这是一个感性的认识。

上面的计算估计的是 $t+1$ 时刻的优势函数,以上面的思路进一步推广,$t+2$ 时刻的优势函数如式(8-11)所示。

$$A_{t+2} = r_t + \text{gamma} \cdot r_{t+1} + \text{gamma}^2 V(s_{t+2}) - V(s_t) \tag{8-11}$$

从式(8-11)可以看出,依然计算了 target 和 value 两部分,最后计算两部分的差作为 $t+2$ 时刻的优势函数。

根据以上规律,可以写出通项公式,如式(8-12)所示。

$$A_{t+k} = r_t + \text{gamma} \cdot r_{t+1} + \cdots + \text{gamma}^k V(s_{t+k}) - V(s_t) \tag{8-12}$$

最后把每个时刻估计的优势函数进行指数加权平均,如式(8-13)所示。

$$A = (1 - \text{lambda})(A_t + \text{lambda} \cdot A_{t+1} + \text{lambda}^2 \cdot A_{t+2}) + \cdots \tag{8-13}$$

式(8-13)中的 lambda 是一个 0~1 的系数,衡量了优势函数的“远见”,当 lambda 为 0 时,只考虑 t 时刻的优势函数,后续的优势函数全部忽略,当 lambda 为 1 时,平等地考虑所有时刻的优势函数,当 lambda 为其他值时,根据时刻的远近加权求和各个时刻的优势函数,越是遥远未来的时刻权重越低,而越靠近现在的时刻权重越高,权重衰减的速度为指数函数。

通过以上方法就可以估计出近似的优势函数,从而可以应用在式(8-8)中。

8.5　小结

近端策略优化是强化学习中的重点也是难点,近端策略优化提出了很多方法来优化策略梯度算法,本章主要介绍了以下方法:

(1)重要性采样,提高了数据的利用率,把策略梯度算法从一个同策略算法修改为近似异策略的算法。

(2)使用优势函数替代了策略梯度算法中的 Q 函数,从而避免了 Q 函数大方差的问题,并且能更有效地执行策略优化。

（3）为了避免重要性采样中数值崩坏的问题，提出了约束 K-L 散度法、惩罚 K-L 散度法、重要性采样裁剪法，从而避免数值的崩坏。

（4）使用广义优势估计来估计优势函数的值。

主要的实现算法有 TRPO 算法和 PPO 算法，其中 PPO 算法的应用十分广泛，后续章节将介绍 PPO 算法的实现。

第 9 章

PPO 算法

本章介绍在强化学习中非常重要的 PPO 算法,PPO 算法的应用非常广泛,尤其是在自然语言生成任务中的应用非常亮眼,在 OpenAI 的 ChatGPT 模型所使用的 RLHF 训练法中,强化学习的部分正是采用了 PPO 算法进行训练,所以学好 PPO 算法非常重要。

说到 PPO 算法就绕不开 TRPO 算法,PPO 算法是 TRPO 算法的改进,PPO 算法的很多理论基础来自 TRPO 算法,由于 PPO 算法是 TRPO 算法的完美替代,所以 PPO 算法提出之后 TRPO 算法的应用场景萎缩得很严重,PPO 算法比 TRPO 算法更加简单,并且效果并不比 TRPO 算法差,所以本书跳过 TRPO 算法,直接来介绍更有应用场景的 PPO 算法。

PPO 算法的核心思想是近端策略优化,该算法在本书第 8 章已经介绍过,读者务必先读过近端策略优化一章再来阅读本章的内容,否则可能会无法理解 PPO 算法当中很多做法的缘由。

9.1 在离散动作环境中的应用

PPO 算法既可以处理离散的动作环境,也可以处理连续的动作环境,PPO 算法在两种游戏环境中的应用本章都会介绍,首先来看 PPO 算法在离散动作环境中的应用,使用的游戏环境依然是前面介绍过的平衡车游戏环境。

9.1.1 定义模型

PPO 算法也是一套"演员评委"体系的算法,不过笔者更习惯将 PPO 算法中的两部分模型称为 value 模型和 action 模型,顾名思义,value 模型负责计算状态价值,也就是"评委"的部分,action 模型负责计算动作,也就是"演员"的部分。

下面把 PPO 算法中要用到的神经网络模型定义出来,代码如下:

```
#第 8 章/定义模型
import torch

#定义模型
model_action = torch.nn.Sequential(
```

```
    torch.nn.Linear(4, 64),
    torch.nn.ReLU(),
    torch.nn.Linear(64, 64),
    torch.nn.ReLU(),
    torch.nn.Linear(64, 2),
    torch.nn.Softmax(dim=1),
)

model_value = torch.nn.Sequential(
    torch.nn.Linear(4, 64),
    torch.nn.ReLU(),
    torch.nn.Linear(64, 64),
    torch.nn.ReLU(),
    torch.nn.Linear(64, 1),
)

model_action(torch.randn(2, 4)), model_value(torch.randn(2, 4))
```

可以看到模型的结构非常简单，也就是两个"淳朴"的线性神经网络，分别为 action 模型和 value 模型。

严格来讲，value 模型应该有配套的双模型，但是本书出于简单起见，使用单模型实现，读者可以自行实现双模型的版本。

9.1.2　训练 value 模型

和 AC 算法一样，PPO 算法也是一套"演员评委"系统，还记得在 AC 算法中"评委"的训练方法吗？使用时序差分方法训练即可。PPO 算法也是一样的，使用时序差分方法训练它的 value 模型，代码如下：

```
#第 9 章/训练 value 模型
def train_value(state, reward, next_state, over):
    requires_grad(model_action, False)
    requires_grad(model_value, True)

    #计算 target
    with torch.no_grad():
        target = model_value(next_state)
    target = target * 0.98 * (1 - over) + reward

    #每批数据反复训练 10 次
    for _ in range(10):
        #计算 value
        value = model_value(state)

        loss = torch.nn.functional.mse_loss(value, target)
        loss.backward()
```

```
        optimizer_value.step()
        optimizer_value.zero_grad()

    #减去 value,相当于去基线
    return (target - value).detach()


value = train_value(state, reward, next_state, over)

value.shape
```

可以看到,这里没有使用双模型系统,这是为了简单起见,帮助读者理解,如果要使用双模型系统,则这里的 target 应该由延迟更新的模型计算。

此外值得注意的是在 PPO 算法的训练过程中,每一批数据可以被反复训练 N 次,虽然在 value 模型的训练中这一点不是由近端策略优化的理论带来的,而是因为 value 模型本身就是个深度学习模型,所以它天生就能做到这一点。

不过为了和 action 模型训练的步调保持一致,还会习惯性地在 value 的训练中加入循环。

9.1.3　训练 action 模型

接下来定义 PPO 算法中最关键的一个函数,即训练 action 模型的函数,代码如下:

```
#第 9 章/训练 action 模型
def train_action(state, action, value):
    requires_grad(model_action, True)
    requires_grad(model_value, False)

    #优势函数
    delta = []
    for i in range(len(value)):
        s = 0
        for j in range(i, len(value)):
            s += value[j] * (0.98 * 0.95) ** (j - i)
        delta.append(s)
    delta = torch.FloatTensor(delta).reshape(-1, 1)

    #更新前的动作概率
    with torch.no_grad():
        prob_old = model_action(state).gather(dim=1, index=action)

    #每批数据反复训练 10 次
    for _ in range(10):
        #更新后的动作概率
        prob_new = model_action(state).gather(dim=1, index=action)
```

```
#求出概率的变化
ratio = prob_new / prob_old

#计算截断的和不截断的两份 loss,取其中小的
surr1 = ratio *delta
surr2 = ratio.clamp(0.8, 1.2) *delta

loss = -torch.min(surr1, surr2).mean()

#更新参数
loss.backward()
optimizer_action.step()
optimizer_action.zero_grad()

return loss.item()


train_action(state, action, value)
```

这段代码的内容很多,大部分代码很重要,需要仔细阅读,它完成的工作如下:

(1)使用广义优势估计估计出了优势函数的值,关于广义优势估计读者可以参考近端策略优化一章。

(2)由于使用了重要性采样,把策略梯度算法中的动作的部分解耦了,把策略梯度算法从一个同策略算法改成了近似异策略算法,所以同一批数据可以被反复学习多次,提高数据的利用率。

(3)根据重要性采样的思路,求出新旧动作概率的变化率,关于重要性采样读者可以参考近端策略优化一章。

(4)重要性采样可能会导致数值的畸变,为了避免这种情况发生,所以对重要性采样的结果进行裁剪,限制数值的范围,防止数值的崩坏。

以上就是 PPO 算法中 action 模型的训练过程,基本就是近端策略优化算法的实现,而近端策略优化算法是策略梯度算法的改进,改进的点在第 8 章已经详细叙述,如果读者无法理解这段代码是在做什么工作,则可以回到近端策略优化一章复习。

9.1.4　执行训练

上面定义的两个函数分别用于训练 PPO 算法中的两个模型,有了这两个辅助函数,现在就可以定义 PPO 算法训练的过程了,代码如下:

```
#第 9 章/PPO算法训练
def train():
    model_action.train()
    model_value.train()

    #训练 N 局
```

```
for epoch in range(1000):
    #一个 epoch 最少玩 N 步
    steps = 0
    while steps < 200:
        state, action, reward, next_state, over, _ = play()
        steps += len(state)

        #训练两个模型
        delta = train_value(state, reward, next_state, over)
        loss = train_action(state, action, delta)

    if epoch % 100 == 0:
        test_result = sum([play()[-1] for _ in range(20)]) / 20
        print(epoch, loss, test_result)


train()
```

从上面的代码可以看出，每次收集到一批数据以后，调用两个模型的训练函数即可，从之前的代码可以知道，现在每批数据会被反复学习 N 次，所以数据的利用率是很高的，这也是 PPO 算法的主要优势。

在训练过程中的输出如下：

```
0 57.404075622558594 -978.6
100 -18.518997192382812 200.0
200 0.9326910972595215 200.0
300 -0.06682347506284714 200.0
400 -0.040946170687675476 200.0
500 -0.3048292398452759 200.0
600 -0.3876965045928955 200.0
700 2.3514397144317627 200.0
800 1.754111886024475 200.0
900 25.258014678955078 200.0
```

可以看到学习的效果很好，机器人的性能提升很快，并且非常稳定，可见以上训练过程是成立且成功的。

9.2 在连续动作环境中的应用

前面介绍了 PPO 算法在离散动作环境中的应用，下面介绍 PPO 算法在连续动作环境中的应用，这也是本书介绍的第 1 个被应用在连续动作环境的算法。

要在连续动作空间的环境中应用，首先要解决的就是动作的连续化问题，以往处理的都是离散的动作空间，在离散的动作空间中动作的数量是可数的，往往数量也不会太多，因此一般使用穷举即可，但是这样的思路在连续的动作空间是不可行的，因为连续的动作空间可以说有无穷多种动作,动作的数量不可数,因此无法穷举。

在统计概率中,对连续的分布一般可以使用一个正态分布去拟合,一个常见的正态分布的图像如图 9-1 所示。

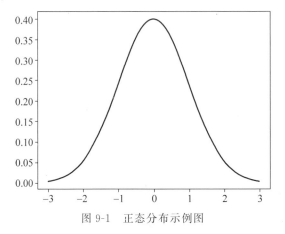

图 9-1 正态分布示例图

要定义一个正态分布只需两个参数,即正态分布的均值和标准差,一般使用 mu 和 sigma 表示。根据图 9-1 所示的正态分布的图像,可以发现在一个正态分布中,均值被采样到的概率是最高的,距离均值越远的值被采样到的概率越低,标准差衡量了正态分布的陡峭程度。

定义好了正态分布以后,后续就可以从该正态分布中采样到动作,也就可以得到连续的动作空间了,因此模型的任务不再是计算各个动作被采样的概率,而是定义各个动作采样的正态分布的均值和标准差。

动作连续化的问题通过正态分布解决了,但是现在应该如何确定各个动作被采样的概率呢? 对于正态分布采样的样本,要求该样本被采样的概率,一般使用高斯密度函数,高斯密度函数的公式如式(9-1)所示。

$$\mathrm{pdf}(x) = \frac{1}{\mathrm{sigma}\ \sqrt{2\mathrm{pi}}} \exp\left(-\frac{(x-\mathrm{mu})^2}{2\mathrm{sigma}^2}\right) \tag{9-1}$$

式(9-1)中的 mu 和 sigma 分别表示正态分布的均值和标准差,x 表示采样结果,pi 表示圆周率常数,exp 表示以自然底数为底的指数函数。有了高斯密度函数就可以计算正态分布的样本被采样到的概率了。

为了便于操作,PyTorch 官方提供了一些工具函数,能够从一个正态分布中采样,并且能够计算样本被采样的对数概率,这些工具函数的使用样例代码如下:

```
#第 9 章/使用 PyTorch 的采样工具
import torch
import math
import random

#一个随机正态分布
```

```
mu = random.uniform(-100, 100)
sigma = random.uniform(0, 5)

#从该正态分布中采样
dist = torch.distributions.Normal(mu, sigma)
x = dist.rsample()

#求高斯密度函数
dist.log_prob(x).item()
```

从上面的代码可以看到,PyTorch 提供的正态分布工具类具有以下功能:

(1) 定义正态分布。

(2) 从该正态分布中采样样本。

(3) 计算某个样本被采样到的概率,计算方式是使用高斯密度函数计算对数概率。

使用 PyTorch 提供的正态分布的工具类很方便,以上代码的运行结果如下:

```
-1.4206771850585938
```

也许有些读者会好奇,计算对数概率的具体过程是怎样的,下面给出具体的计算过程,代码如下:

```
def log_prob(x, mu, sigma):
    left = 1 / (sigma * (2 * math.pi) ** 0.5)
    right = math.exp(-(x - mu) ** 2 / (2 * sigma ** 2))
    return math.log(left) + math.log(right)


log_prob(x, mu, sigma)
```

可以看到基本就是高斯密度函数的实现,即式(9-1)的实现,只是在计算结果时,使用了对数计算,这主要因为计算机无法处理精度太高的小数,为了避免浮点数溢出问题,从而使用对数计算,以上代码的运行结果如下:

```
-1.4206771324146215
```

可以看到和 PyTorch 提供的工具类的计算结果基本是一致的,但有一些微小的误差,这是由于计算机的计算精度而导致的,从数学上讲两边的计算过程是等价的。

以上就是正态分布的定义、采样、计算对数概率的方法。

9.2.1 倒立摆游戏环境介绍

接下来介绍本章要应用的游戏环境,该游戏环境如图9-2所示。

该游戏环境像是一个表盘,表盘上有一根指针,如果不进行操作,则指针会在重力的作用下自然地下垂,指向 6 点钟方向。游戏的目标是给指针一个向左的力,或者一个向右的

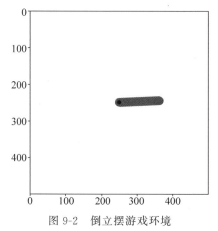

图 9-2　倒立摆游戏环境

力,从而让指针指向 12 点钟方向,也就是要保持指针是竖起的状态。

该游戏环境也是由 Gym 工具包提供的,在 Gym 的定义中该游戏的某些数值不太便于操作,本书对此进行了修改,从而更方便代码实现,修改点如下:

(1)该游戏的动作空间为−2~2 的连续数值,为了便于控制,本书会把游戏的动作空间压缩到−1~1。

(2)反馈值空间是比较奇怪的,约−16~0,本书将其修改为 0~1。

(3)和平衡车游戏不同,倒立摆这个游戏没有结束的硬性条件,本书规定每局游戏为200 个动作,所以最大反馈值的和是 200,最低为 0。

根据以上修改点,定义要使用的游戏环境,代码如下:

```
#第 9 章/定义倒立摆游戏环境
import gym


#定义环境
class MyWrapper(gym.Wrapper):

    def __init__(self):
        env = gym.make('Pendulum-v1', render_mode='rgb_array')
        super().__init__(env)
        self.env = env
        self.step_n = 0

    def reset(self):
        state, _ = self.env.reset()
        self.step_n = 0
        return state

    def step(self, action):
        state, reward, terminated, truncated, info = self.env.step(
            [action * 2])
```

```
        over = terminated or truncated

        #偏移 reward，便于训练
        reward = (reward + 8) / 8

        #限制最大步数
        self.step_n += 1
        if self.step_n >= 200:
            over = True

        return state, reward, over

    #打印游戏图像
    def show(self):
        from matplotlib import pyplot as plt
        plt.figure(figsize=(3, 3))
        plt.imshow(self.env.render())
        plt.show()


env = MyWrapper()

env.reset()

env.show()
```

代码中值得关注的重点已经被加粗，读者应特别留意这些代码，其他部分可以简单带过，代码中对倒立摆游戏环境做出的修改如前所述，后续将使用 PPO 算法对该游戏环境展开学习。

9.2.2　定义模型

由于游戏环境改变了，并且从离散动作修改为连续动作，所以神经网络模型的结构也需要做出相应的修改，代码如下：

```
#第 9 章/定义连续动作环境的模型
import torch


#定义模型
class Model(torch.nn.Module):

    def __init__(self):
        super().__init__()
        self.s = torch.nn.Sequential(
            torch.nn.Linear(3, 64),
            torch.nn.ReLU(),
```

```
            torch.nn.Linear(64, 64),
            torch.nn.ReLU(),
        )
        self.mu = torch.nn.Sequential(
            torch.nn.Linear(64, 1),
            torch.nn.Tanh(),
        )
        self.sigma = torch.nn.Sequential(
            torch.nn.Linear(64, 1),
            torch.nn.Tanh(),
        )

    def forward(self, state):
        state = self.s(state)

        return self.mu(state), self.sigma(state).exp()


model_action = Model()

model_value = torch.nn.Sequential(
    torch.nn.Linear(3, 64),
    torch.nn.ReLU(),
    torch.nn.Linear(64, 64),
    torch.nn.ReLU(),
    torch.nn.Linear(64, 1),
)

model_action(torch.randn(2, 3)), model_value(torch.randn(2, 3))
```

在上面的代码中可以看到,value 模型基本不改变,还是一个"淳朴"的线性神经网络。不过 action 模型的结构发生了改变,计算的结果为一个正态分布,显然,要执行的动作将从该正态分布中通过采样得到。

在离散动作环境中 action 模型计算的是采用各个动作的概率,由于连续动作环境的动作数量是不可数的,所以这里使用了正态分布进行定义。

9.2.3 定义 play 函数

由于动作模型的计算结果发生了改变,所以应用在离散动作环境中的 play()函数也需要做出相应的修改,从而获得正确的动作并执行,修改后的 play()函数的代码如下:

```
#第 9 章/定义 play 函数
from IPython import display
import random



#玩一局游戏并记录数据
```

```
def play(show=False):
    state = []
    action = []
    reward = []
    next_state = []
    over = []

    s = env.reset()
    o = False
    while not o:
        #根据概率采样
        mu, sigma = model_action(torch.FloatTensor(s).reshape(1, 3))
        a = random.normalvariate(mu=mu.item(), sigma=sigma.item())

        ns, r, o = env.step(a)

        state.append(s)
        action.append(a)
        reward.append(r)
        next_state.append(ns)
        over.append(o)

        s = ns

        if show:
            display.clear_output(wait=True)
            env.show()

    state = torch.FloatTensor(state).reshape(-1, 3)
    action = torch.FloatTensor(action).reshape(-1, 1)
    reward = torch.FloatTensor(reward).reshape(-1, 1)
    next_state = torch.FloatTensor(next_state).reshape(-1, 3)
    over = torch.LongTensor(over).reshape(-1, 1)

    return state, action, reward, next_state, over, reward.sum().item()


state, action, reward, next_state, over, reward_sum = play()

reward_sum
```

在这段代码中重点关注加粗的部分即可,可以看到从动作模型那里获得了正态分布后,从该正态分布中进行采样,从而得到动作,最后执行该动作即可,其他部分和离散动作环境中的应用是一样的。

9.2.4　训练 value 模型

准备好以上工具类以后,现在可以定义训练 value 模型的函数了,代码如下:

```
#第9章/训练 value 模型
def train_value(state, reward, next_state, over):
    requires_grad(model_action, False)
    requires_grad(model_value, True)

    #计算 target
    with torch.no_grad():
        target = model_value(next_state)
    target = target * 0.98 * (1 - over) + reward

    #每批数据反复训练 10 次
    for _ in range(10):
        #计算 value
        value = model_value(state)

        loss = torch.nn.functional.mse_loss(value, target)
        loss.backward()
        optimizer_value.step()
        optimizer_value.zero_grad()

    #减去 value,相当于去基线
    return (target - value).detach()


value = train_value(state, reward, next_state, over)

value.shape
```

由于 value 模型的结构没有修改,所以该函数也几乎没有修改,和离散动作环境中的应用几乎一样。

9.2.5 训练 action 模型

接下来定义在连续动作环境下训练 action 模型的函数,代码如下:

```
#第9章/训练 action 模型
def train_action(state, action, value):
    requires_grad(model_action, True)
    requires_grad(model_value, False)

    #优势函数
    delta = []
    for i in range(len(value)):
        s = 0
        for j in range(i, len(value)):
            s += value[j] * (0.9 * 0.9) ** (j - i)
        delta.append(s)
```

```
delta = torch.FloatTensor(delta).reshape(-1, 1)

#更新前的动作概率
with torch.no_grad():
    mu, sigma = model_action(state)
    prob_old = torch.distributions.Normal(mu, sigma).log_prob(action).exp()

#每批数据反复训练 10 次
for _ in range(10):
    #更新后的动作概率
    mu, sigma = model_action(state)
    prob_new = torch.distributions.Normal(mu, sigma).log_prob(action).exp()

    #求出概率的变化
    ratio = prob_new / prob_old

    #计算截断的和不截断的两份 loss,取其中最小的
    surr1 = ratio * delta
    surr2 = ratio.clamp(0.8, 1.2) * delta

    loss = -torch.min(surr1, surr2).mean()

    #更新参数
    loss.backward()
    optimizer_action.step()
    optimizer_action.zero_grad()

return loss.item()


train_action(state, action, value)
```

这段代码的主体结构和离散动作环境中的主体结构是一样的,由于动作空间被修改了,所以这里计算动作的概率会比离散动作环境中的计算麻烦一些,在离散动作环境中直接使用 action 模型的计算结果就可以了,这里 action 模型的计算结果不再是各个动作被采用的概率,而是一个正态分布,所以需要求该正态分布中采样动作的概率,可以使用高斯密度函数计算该概率,本书使用了 PyTorch 提供的工具函数计算该数值,如代码中加粗部分所演示的。

使用高斯密度函数计算动作的概率以后,其他部分的代码和离散动作环境中的代码就一样了。同样基于近端策略优化一章实现即可。

9.2.6　执行训练

定义好了上面的工具函数以后,现在就可以定义 PPO 算法训练的函数了,代码如下:

```
#第 9 章/PPO 算法训练
def train():
    model_action.train()
    model_value.train()

    #训练 N 局
    for epoch in range(1000):
        #一个 epoch 最少玩 N 步
        steps = 0
        while steps < 200:
            state, action, reward, next_state, over, _ = play()
            steps += len(state)

            #训练两个模型
            delta = train_value(state, reward, next_state, over)
            loss = train_action(state, action, delta)

        if epoch % 100 == 0:
            test_result = sum([play()[-1] for _ in range(20)]) / 20
            print(epoch, loss, test_result)


train()
```

从上面的代码可以看到和离散动作环境中的一样，也是每次收集到一局游戏的数据以后反复调用两个模型的训练。

在训练过程中输出如下：

```
0 0.10162344574928284 51.45712678432464
100 -0.7537704706192017 107.65102710723878
200 0.5636732578277588 85.48153505325317
300 0.16421520709991455 95.98738517761231
400 0.19185616075992584 117.04133224487305
500 -0.3527289927005768 139.04767227172852
600 -0.32614269852638245 163.88694686889647
700 0.14939337968826294 50.68153982162475
800 -0.23504677414894104 125.99543991088868
900 0.9372154474258423 140.94840087890626
```

倒立摆这个游戏的得分区间是 $0\sim200$ 分，能够看出机器人的进步还是非常明显的，最后也可以得到比较高的测试分数，可见训练的过程是有效且正确的。

9.3 小结

本章基于近端策略优化一章的思路实现了 PPO 算法，在离散动作环境和连续动作环境分别应用了 PPO 算法，并且都取得了比较好的训练成绩。

通过本章的学习相信读者也能感受到理解近端策略优化一章的重要性，PPO算法基本就是近端策略优化一章的实现而已，如果不理解近端策略优化一章，基本也就不能理解PPO算法。理解了近端策略优化一章的读者也可以通过本章的实践加深对近端策略优化一章的理解。

由于PPO算法是RLHF训练法的应用算法，对于大语言模型训练来讲PPO算法是无法绕过的，所以PPO算法非常重要，如果读者想研究关于大语言模型训练的内容，则PPO算法是必修的。

DDPG 和 TD3 算法

10.1 DDPG 算法概述

经过本书前面各个章节的讲解,相信读者已经掌握了强化学习的一般思路,最主要的是应用两种最常用的优化算法,即时序差分算法和策略梯度算法。使用时序差分算法的算法通常是异策略算法,例如 DQN 算法。使用策略梯度算法的算法通常是同策略算法,例如 Reinforce 算法和 AC 算法。

10.1.1 确定的动作

本章要介绍的 DDPG 算法的全称为深度确定性策略梯度(Deep Deterministic Policy Gradient)算法,从该名字就能看出来,它是一个策略梯度算法的改进算法,但是 DDPG 算法不是一个同策略算法,它提出了一些改进的方法,能把自己改进成一个异策略算法,从而能够使用数据池提高数据的利用率,进而提高训练的效率。

算法名字中的"深度"二字表明该算法使用神经网络模型来进行计算,这在过去介绍的几个算法中已经成为标准的做法,使用神经网络模型能进行复杂的计算,而且拟合能力强、便于扩展,所以该算法也采用了神经网络模型进行计算。

该算法最关键的创新点恐怕就在于"确定性"3 个字,"确定性"表明该算法在同一种状态下采取的动作是确定的,没有随机性,这一点有时很重要,这使机器人的动作成为可预测的,便于测试,也能避免机器人的一些过激行为。有些机器人要担任责任重大的任务,例如自动驾驶机器人,以及外科手术机器人等。对这些机器人的要求是不能出错,一旦出错后果可能是难以承受的。

所以在测试阶段,要求这些机器人的行为是可预测的,即在输入相同的情况下,输出也应该相同,而不是同样的输入,可能会有不同的输出。

回忆在策略梯度算法中,动作模型计算的是不同动作被采取的概率,最后的动作从该概率中通过采样得到,既然存在随机采样,动作就不能完全确定,具有一定的不可预测性,如图 10-1 所示。

图 10-1　策略梯度算法中模型计算的是动作的概率

而在本章要介绍的 DDPG 算法中,模型直接计算动作,而不是不同动作的概率,所以动作的采用没有随机性,是完全确定的,如图 10-2 所示。

$$\boxed{\text{state}} \longrightarrow \boxed{\text{action model}} \text{—1.0→} \boxed{\text{action1}}$$

图 10-2　DDPG 算法中模型直接计算动作

如上所述,这样就明确了系统中动作模型的计算输入和输出。接下来的问题就是该模型该怎么去训练它,让它的性能提高,从而能处理好环境中的各种状态。

10.1.2　异策略化

之前介绍的 Reinforce 算法、AC 算法等都是同策略算法,因为它们都是策略梯度算法,需要根据现有的动作策略来计算 loss,进而更新参数,寻找到更优的动作策略。同策略的问题是无法利用其他策略产生的数据,数据的利用率低,某些时候频繁地采集数据可能是成本高昂的。

在 DDPG 算法中,一般会使用一个 value 模型学习环境中的 Q 函数,而 action 模型根据 value 模型计算的 Q 值进行更新,从而解耦 action 模型和环境,value 模型可以使用时序差分方法利用其他策略产生的数据进行更新,也就是说可以使用数据池,从而提高数据的利用率,这一点有时对训练效率的提升是巨大的,上述过程在下面的优化方法中会详述。

10.2　优化方法

根据时序差分算法中的学习了解到,Q 函数对动作的选择具有很强的指导意义,Q 函数表明在特定状态下选择各个动作所能获得的后续折扣回报的和的期望,Q 函数的定义如式(10-1)所示。

$$U_t = R_t + \text{gamma} \cdot R_{t+1} + \text{gamma}^2 \cdot R_{t+2} + \cdots + \text{gamma}^{n-t} \cdot R_n$$
$$Q(s_t, a_t) = E\left[U_t \mid S_t = s_t, A_t = a_t\right] \tag{10-1}$$

前面讲过神经网络模型几乎能拟合所有的函数,拟合的能力取决于神经网络模型的体量和训练量。Q 函数也是一个函数,那是否也能使用一个神经网络模型来拟合呢?答案是肯定的,正如 AC 算法中使用评委模型来拟合 V 函数。Q 函数同样可以使用一个神经网络模型来拟合。

观察式(10-1)可以看出,Q 函数的入参包括状态和动作,如果把动作去掉,则入参只剩下状态,即 V 函数,V 函数计算的是特定状态能获得的后续折扣回报的和的期望。Q 函数比 V 函数多考虑一个动作,即在特定状态下,采取特定动作后,能获得的后续折扣回报的和的期望。Q 函数的计算过程如图 10-3 所示。

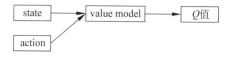

图 10-3　value 模型的输入和输出

图 10-3 中的模型即 value 模型，它计算的内容就是 Q 函数。

从以上叙述可以看出，在 DDPG 算法中，action 模型计算的动作最好是连续值，这样能够便于优化，如果是离散值，由于函数不连续，所以会导致在很多点上不可导，不便于优化。

有了 value 模型以后，即可用 value 模型计算的 Q 值来优化 action 模型，以 Q 值为 loss 即可，如图 10-4 所示。

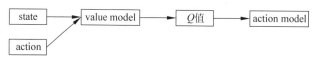

图 10-4　action 模型的训练过程

对 action 模型的要求是计算 Q 值最大的动作，这是符合预期的，只要 action 模型总是采取 Q 值最大的动作执行，就能很好地处理好环境下的各种状态。

对 value 模型可以使用时序差分算法进行训练，在时序差分算法中需要计算 value 和 target，其中 value 的计算过程如图 10-5 所示。

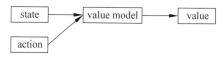

图 10-5　value 模型的 value 的计算过程

value 的计算比较简单，直接使用数据中获取的 state 和 action 进行计算即可。

要计算 target，需要先使用 action 模型把下一步的动作计算出来，该过程如图 10-6 所示。

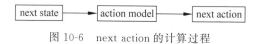

图 10-6　next action 的计算过程

要根据一个 state 计算一个 action，直接调用 action 模型进行计算即可，有了 next action 以后，就可以计算 target 和 loss 了，如图 10-7 所示。

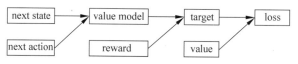

图 10-7　value 模型的 target 和 loss 的计算过程

把 next state 和 next action 输入 value 模型进行计算，再结合 reward 就可以得出 target，该计算是根据 Q 函数的定义得出的，已经忘记的读者可以回到时序差分算法章节复习。有了 target 和 value 两者以后计算 MSE loss 就可以得出 value 模型的 loss 了。

10.3　缓解过高估计

根据上面的讲述,能发现该系统中的一个明显的可优化点,在计算 action 模型的 loss 时需要用到 value 模型的计算结果,反之,在计算 value 模型的 loss 时需要用到 action 模型的计算结果,这样两者相互"吹捧",很容易造成过高估计的问题。

还记得在 DQN 章节中,过高估计主要是由于模型自己给自己打分造成的,这里的情况也是类似的,不过情况变成了两名学生相互给对方打分,如果两个人串通一气都给对方打高分,则很容易出现过高估计的问题,如图 10-8 和图 10-9 所示。

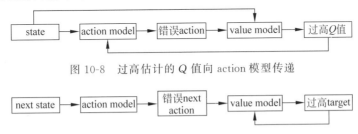

图 10-8　过高估计的 Q 值向 action 模型传递

图 10-9　过高估计的 target 向 value 模型传递

为了避免这种情况发生,最好是由不相关的模型来给它们打分,如图 10-10 和图 10-11 所示。这和 DQN 章节中的思路是一样的。

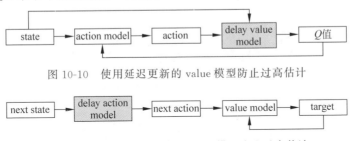

图 10-10　使用延迟更新的 value 模型防止过高估计

图 10-11　使用延迟更新的 action 模型防止过高估计

从图 10-10 和图-11 可以看出,只要在系统中使用两个延迟更新的模型,就能在很大程度上缓解过高估计的问题,严格来讲还是会存在过高估计的问题,但是发生的速率被极大地抑制了。

10.4　DDPG 算法实现

上面介绍了 DDPG 算法,并介绍了该算法的优化方法,以及如何在优化过程中缓解过高估计的方法。下面开始着手实现该算法的代码。

在上面的叙述中了解到,DDPG 算法适用于连续动作的环境中,所以此处使用的环境是倒立摆游戏环境,如图 9-2 所示,该游戏环境在前面的章节已经介绍过,这里不再赘述。

10.4.1 定义模型

接下来开始着手 DDPG 算法的代码实现,首先把算法系统中要用到的 4 个神经网络模型定义出来,下面先定义两个 action 模型,代码如下:

```python
#第 10 章/定义 action 模型
import torch


class Model(torch.nn.Module):

    def __init__(self):
        super().__init__()
        self.s = torch.nn.Sequential(
            torch.nn.Linear(3, 64),
            torch.nn.ReLU(),
            torch.nn.Linear(64, 64),
            torch.nn.ReLU(),
            torch.nn.Linear(64, 1),
            torch.nn.Tanh(),
        )

    def forward(self, state):
        return self.s(state)


model_action = Model()
model_action_delay = Model()
model_action_delay.load_state_dict(model_action.state_dict())

model_action(torch.randn(2, 3))
```

可以看到 action 模型的计算结果是确定的数值,没有随机性,值域为 $-1\sim1$,这和倒立摆游戏环境的动作空间一致。代码中的两个 action 模型显然是一对双模型系统,这和上面介绍的要缓解过高估计的设计一致。

接下来定义两个 value 模型,代码如下:

```python
#第 10 章/定义 value 模型
model_value = torch.nn.Sequential(
    torch.nn.Linear(4, 64),
    torch.nn.ReLU(),
    torch.nn.Linear(64, 64),
    torch.nn.ReLU(),
    torch.nn.Linear(64, 1),
```

```
)

model_value_delay = torch.nn.Sequential(
    torch.nn.Linear(4, 64),
    torch.nn.ReLU(),
    torch.nn.Linear(64, 64),
    torch.nn.ReLU(),
    torch.nn.Linear(64, 1),
)

model_value_delay.load_state_dict(model_value.state_dict())

model_value(torch.randn(2, 4))
```

可以看到 value 模型的结构也非常简单,也是一对双模型系统,很显然是为了缓解过高估计的设计。根据前面的叙述,value 模型的计算结果是估计的 Q 值,所以 value 模型计算结果的值域是全体实数。

10.4.2　定义工具类和辅助函数

由于 action 模型的计算结果更改了,从计算不同动作的概率分布,改成了直接的动作本身,所以 play()函数也需要做出相应的更改,代码如下:

```
#第10章/定义 play 函数
from IPython import display
import random


#玩一局游戏并记录数据
def play(show=False):
    data = []
    reward_sum = 0

    state = env.reset()
    over = False
    while not over:
        action = model_action(torch.FloatTensor(state).reshape(1, 3)).item()

        #给动作添加噪声,增加探索
        action += random.normalvariate(mu=0, sigma=0.2)

        next_state, reward, over = env.step(action)

        data.append((state, action, reward, next_state, over))
```

```
        reward_sum += reward

        state = next_state

        if show:
            display.clear_output(wait=True)
            env.show()

    return data, reward_sum


play()[-1]
```

上面的代码读者只需关注加粗的部分,可以看到已经不再是使用 action 模型计算的概率分布通过采样得到动作了,而是直接使用 action 模型计算的结果作为动作执行,所以动作是完全确定的,没有随机性。

在训练阶段这样的确定性可能会过于死板,给动作增加一定的随机性能增强探索性,所以在 play()函数中给动作增加一个随机噪声,以此来提高动作的探索性,在运行阶段可以移除该随机噪声。

通过 value 模型的解耦,DDPG 算法变成了一个异策略算法,所以可以使用数据池提高数据的利用率,定义数据池的代码如下:

```
#第 10 章/定义数据池
class Pool:

    def __init__(self):
        self.pool = []

    def __len__(self):
        return len(self.pool)

    def __getitem__(self, i):
        return self.pool[i]

    #更新动作池
    def update(self):
        #每次更新不少于 N 条新数据
        old_len = len(self.pool)
        while len(pool) - old_len < 200:
            self.pool.extend(play()[0])

        #只保留最新的 N 条数据
        self.pool = self.pool[-2_0000:]

    #获取一批数据样本
    def sample(self):
```

```
            data = random.sample(self.pool, 64)

            state = torch.FloatTensor([i[0] for i in data]).reshape(-1, 3)
            action = torch.FloatTensor([i[1] for i in data]).reshape(-1, 1)
            reward = torch.FloatTensor([i[2] for i in data]).reshape(-1, 1)
            next_state = torch.FloatTensor([i[3] for i in data]).reshape(-1, 3)
            over = torch.LongTensor([i[4] for i in data]).reshape(-1, 1)

            return state, action, reward, next_state, over


pool = Pool()
pool.update()
state, action, reward, next_state, over = pool.sample()

next_state.shape, len(pool), pool[0]
```

在 4 个模型的训练过程中，需要频繁地锁定、解锁某些模型的参数，以及调用双模型之间的延迟更新等，所以定义如下辅助函数，代码如下：

```
#第 10 章/定义辅助函数
optimizer_action = torch.optim.Adam(model_action.parameters(), lr=5e-4)
optimizer_value = torch.optim.Adam(model_value.parameters(), lr=5e-3)


def soft_update(_from, _to):
    for _from, _to in zip(_from.parameters(), _to.parameters()):
        value = _to.data * 0.7 + _from.data * 0.3
        _to.data.copy_(value)


def requires_grad(model, value):
    for param in model.parameters():
        param.requires_grad_(value)


requires_grad(model_action_delay, False)
requires_grad(model_value_delay, False)
```

这些函数的内容比较简单，基本见名知意，此处不再展开解释。

10.4.3　定义训练过程

做完以上准备工作以后，现在就可以定义训练 action 模型的函数了，代码如下：

```
#第 10 章/训练 action 模型
def train_action(state):
    requires_grad(model_action, True)
```

```
    requires_grad(model_value, False)

    #首先把动作计算出来
    action = model_action(state)

    #使用 value 网络评估动作的价值,价值越高越好
    input = torch.cat([state, action], dim=1)
    loss = -model_value(input).mean()

    loss.backward()
    optimizer_action.step()
    optimizer_action.zero_grad()

    return loss.item()


train_action(state)
```

在这段代码中,使用 action 模型根据状态计算出了动作,再让 value 模型对动作打分,让 action 模型根据打分更新参数,这段过程有点像是 AC 算法中的演员评委模型,所以 action 模型的更新完全依赖于 value 模型的计算结果,该过程如图 10-10 所示。

接下来可以定义训练 value 模型的函数,代码如下:

```
#第 10 章/训练 value 模型
def train_value(state, action, reward, next_state, over):
    requires_grad(model_action, False)
    requires_grad(model_value, True)

    #计算 value
    input = torch.cat([state, action], dim=1)
    value = model_value(input)

    #计算 target
    with torch.no_grad():
        next_action = model_action_delay(next_state)
        input = torch.cat([next_state, next_action], dim=1)
        target = model_value_delay(input)
    target = target * 0.99 * (1 - over) + reward

    #计算 td loss,更新参数
    loss = torch.nn.functional.mse_loss(value, target)

    loss.backward()
    optimizer_value.step()
    optimizer_value.zero_grad()

    return loss.item()


train_value(state, action, reward, next_state, over)
```

这段代码使用了时序差分算法来计算 value 模型的 loss,为了缓解过高估计,代码中的 next action 和 target 都使用延迟更新的模型来计算,该计算过程如图 10-11 所示。

定义好了以上辅助函数以后,现在可以定义 DDPG 算法的训练过程,代码如下:

```
#第 10 章/DDPG 算法训练
def train():
    model_action.train()
    model_value.train()

    #共更新 N 轮数据
    for epoch in range(200):
        pool.update()

        #每次更新数据后训练 N 次
        for i in range(200):

            #采样 N 条数据
            state, action, reward, next_state, over = pool.sample()

            #训练模型
            train_action(state)
            train_value(state, action, reward, next_state, over)

        soft_update(model_action, model_action_delay)
        soft_update(model_value, model_value_delay)

        if epoch % 20 == 0:
            test_result = sum([play()[-1] for _ in range(20)]) / 20
            print(epoch, len(pool), test_result)


train()
```

可以看到在 DDPG 算法的训练过程中使用了数据池,每次从数据池中采样一批数据后,交替训练 action 和 value,每次采样和训练结束后,更新延迟模型中的参数即可。在训练过程中的输出如下:

```
0 400 13.689460329425094
20 4400 61.277334086234745
40 8400 148.42843627970188
60 12400 180.47028353752262
80 16400 176.3395203401841
100 20000 181.12751784525307
120 20000 180.88091179850485
140 20000 143.26279595829368
160 20000 179.55250829150913
180 20000 175.80709007378786
```

可以看到 DDPG 算法在倒立摆这个游戏环境中的表现是十分优异的，很快就可以达到170 分的高分，并且表现十分稳定，这证明了上面 DDPG 算法的实现过程是正确且有效的。

10.5 TD3 算法实现

上面实现了 DDPG 算法，也通过训练得到了良好的结果，但 DDPG 还是有很多明显的可优化点，这里来介绍一个 DDPG 算法的改进算法：TD3（Twin Delayed Deep Deterministic Policy Gradient，双延迟深度确定性策略梯度）算法。

相比 DDPG 算法，TD3 算法提出了很多优化及改进的方法，TD3 算法给 DDPG 算法打一些"补丁"，以此来帮助 DDPG 算法的训练更加稳定。事实上某些优化点已经被应用在上面的 DDPG 算法实现中，上面实现的并不是最原始版本的标准 DDPG 算法。

这里介绍 TD3 算法最重要的一个改进点，即使用两组 value 模型来评估 Q 函数，取其中最小的值来缓解过高估计。

10.5.1 定义模型

既然要使用两组 value 模型，这里就先把这些模型定义出来，代码如下：

```
#第 10 章/定义两组 value 模型
model_value1 = torch.nn.Sequential(
    torch.nn.Linear(4, 64),
    torch.nn.ReLU(),
    torch.nn.Linear(64, 64),
    torch.nn.ReLU(),
    torch.nn.Linear(64, 1),
)
model_value1_delay = torch.nn.Sequential(
    torch.nn.Linear(4, 64),
    torch.nn.ReLU(),
    torch.nn.Linear(64, 64),
    torch.nn.ReLU(),
    torch.nn.Linear(64, 1),
)
model_value1_delay.load_state_dict(model_value1.state_dict())

model_value2 = torch.nn.Sequential(
    torch.nn.Linear(4, 64),
    torch.nn.ReLU(),
    torch.nn.Linear(64, 64),
    torch.nn.ReLU(),
    torch.nn.Linear(64, 1),
)
model_value2_delay = torch.nn.Sequential(
    torch.nn.Linear(4, 64),
```

```
    torch.nn.ReLU(),
    torch.nn.Linear(64, 64),
    torch.nn.ReLU(),
    torch.nn.Linear(64, 1),
)
model_value2_delay.load_state_dict(model_value2.state_dict())

model_value1(torch.randn(2, 4)), model_value2(torch.randn(2, 4))
```

可以看到定义了两组 value 模型，共 4 个模型，算上两个 action 模型，在 TD3 算法系统中一共有 6 个神经网络模型。

10.5.2　定义训练过程

现在有两组 value 模型了，在训练 action 模型时应该取两组 value 模型的计算结果中的最小值，这样可以缓解 Q 值的过高估计，代码如下：

```
#第10章/训练 action 模型
def train_action(state):
    requires_grad(model_action, True)
    requires_grad(model_value1, False)
    requires_grad(model_value2, False)

    #首先把动作计算出来
    action = model_action(state)

    #使用 value 网络评估动作的价值,价值是越高越好
    input = torch.cat([state, action], dim=1)
    value1 = model_value1(input)
    value2 = model_value2(input)
    loss = -torch.min(value1, value1).mean()

    loss.backward()
    optimizer_action.step()
    optimizer_action.zero_grad()

    return loss.item()


train_action(state)
```

在上面的代码中可以看到取了两组 value 模型的计算结果中最小的值，作为计算 loss 的依据，这样就能缓解 Q 值的过高估计。

在训练 value 模型时，target 也要取两组计算结果中最小的值，同样是为了缓解过高估计，代码如下：

```
#第 10 章/训练 value 模型
def train_value(state, action, reward, next_state, over):
    requires_grad(model_action, False)
    requires_grad(model_value1, True)
    requires_grad(model_value2, True)

    #计算 value
    input = torch.cat([state, action], dim=1)
    value1 = model_value1(input)
    value2 = model_value2(input)

    #计算 target
    next_action = model_action_delay(next_state)
    input = torch.cat([next_state, next_action], dim=1)
    with torch.no_grad():
        target1 = model_value1_delay(input)
        target2 = model_value2_delay(input)
    target = torch.min(target1, target2)
    target = target * 0.99 * (1 - over) + reward

    #计算 td loss,更新参数
    loss1 = torch.nn.functional.mse_loss(value1, target)
    loss2 = torch.nn.functional.mse_loss(value2, target)

    loss1.backward()
    optimizer_value1.step()
    optimizer_value1.zero_grad()

    loss2.backward()
    optimizer_value2.step()
    optimizer_value2.zero_grad()

    return loss1.item(), loss2.item()


train_value(state, action, reward, next_state, over)
```

计算出 target 以后,两组 value 模型都需要根据 target 更新参数。

修改好以上辅助函数以后,下面就可以实现 TD3 算法的训练过程了,代码如下:

```
#第 10 章/TD3 算法训练过程
def train():
    model_action.train()
    model_value1.train()
    model_value2.train()

    #共更新 N 轮数据
    for epoch in range(200):
```

```
            pool.update()

            #每次更新数据后训练N次
            for i in range(200):

                #采样N条数据
                state, action, reward, next_state, over = pool.sample()

                #训练模型
                train_action(state)
                train_value(state, action, reward, next_state, over)

            soft_update(model_action, model_action_delay)
            soft_update(model_value1, model_value1_delay)
            soft_update(model_value2, model_value2_delay)

            if epoch % 20 == 0:
                test_result = sum([play()[-1] for _ in range(20)]) / 20
                print(epoch, len(pool), test_result)


train()
```

可以看到该训练过程和DDPG算法基本一致，只是在更新延迟模型的参数时要多更新一个value模型的参数，其他基本相同。在训练过程中的输出如下：

```
0 400 10.356381916876254
20 4400 59.398461293219114
40 8400 93.9003990491715
60 12400 179.42523248094273
80 16400 178.18461007439137
100 20000 181.7873467513263
120 20000 184.02346289209098
140 20000 181.3078818054768
160 20000 182.84553465177405
180 20000 172.36964748985565
```

从该训练结果可以看出，训练的过程还是很稳定的，测试的性能也十分优异，可以验证训练过程是正确且有效的。

10.6　小结

本章介绍了DDPG算法，该算法最主要的特征即其名字中的"确定性"，它在特定的状态下总是采取确定的动作，这在很多时候是很重要的，能避免机器人行为的不可预测性，从而让机器人更加可控，能应用在责任重大的场景中，从而避免不可预测的风险。

本章实现了两个确定性的算法，分别是DDPG算法和TD3算法，其中TD3算法是DDPG算法的改进型，主要是提出了使用多组value模型来缓解Q值过高估计的问题。

第11章

SAC 算法

11.1 SAC 算法简介

11.1.1 考虑动作的熵

本章来学习 SAC(Soft Actor Critic,柔性演员评委)算法,一言以蔽之,SAC 算法提出了在训练过程中要最大化动作的熵,从而增强模型的探索,增加模型的稳定性,避免落入局部最优。SAC 算法的优化目标函数如式(11-1)所示。

$$\max \rightarrow Q(s,a) + \text{alpha} * H(Q(s,*)) \tag{11-1}$$

式(11-1)中的 H 表示熵函数,在只有两个动作的情况下,熵函数如式(11-2)所示。

$$H(x) = -[p(x) \cdot \ln p(x) + (1 - p(x)) \cdot \ln(1 - p(x))] \tag{11-2}$$

熵函数的图像如图 6-1 所示。

从式(11-1)可以看出,SAC 算法的优化目标从单纯的 Q 函数,增加了一项熵函数,熵函数衡量了动作选择的不确定性,从图 6-1 也能看出,当动作的选择完全确定时,熵函数取最小值,当动作的选择最随机、最不可预测时熵函数取最大值。

式(11-1)中的系数 alpha 随着训练进度的进行将逐渐降低,从而逐渐缩小熵函数的权重,让优化过程关注的重点逐渐从熵函数转移到 Q 函数上,这是贪婪算法的一种应用。

所以直观理解,SAC 算法的思路是在训练的初期,主要考虑动作的熵,要求动作的选择足够随机,从而探索环境中足够多的状态,而不是"一条路走到黑"。随着训练的进行,逐渐降低熵函数的权重,从而逐渐确定动作的选择,因为此时对环境已经逐渐清晰,可以逐渐缩小探索的力度,策略逐渐转向利用,从而从环境中获取更高的反馈。

在本书 Reinforce 章节也介绍过熵正则的思路,读者可以参考 Reinforce 章节的解读。

11.1.2 异策略化

和 DDPG 算法一样,SAC 算法也是一种异策略算法,也就是说,SAC 算法也实现了 action 模型和环境的解耦,SAC 算法不是一种动作确定的算法,它计算的是采取各个动作的概率,SAC 算法中 action 模型和环境解耦的方法如式(11-3)所示。

$$\max \to Q(s, *) \cdot p(* \mid s) \qquad (11\text{-}3)$$

从式(11-3)可以看出,计算出状态下各个动作的 Q 值以后,和该动作被采取的概率相乘,相当于取了 Q 函数的期望,以该值作为 action 模型最大化的目标,这样就避免了直接使用策略梯度算法来更新 action 模型的参数,从而避免算法成为同策略算法。

由于式(11-3)中需要估计 Q 函数,所以需要使用神经网络模型来估计,可以使用时序差分算法来优化,而时序差分算法是异策略的,可以使用非自身产生的数据来进行优化,这一点在前面的章节已经反复应用,相信读者也已经对此轻车熟路了。

11.2 实现 SAC 算法

通过上面的理论讲述,SAC 算法的实现已经呼之欲出,下面开始实现 SAC 算法的代码。

SAC 算法同时支持离散动作环境和连续动作环境,下面分别进行介绍,首先来看离散的动作空间,使用的游戏环境依然是前面见过的平衡车游戏环境,相信读者对该环境已经相当熟悉了,该游戏环境如图 4-2 所示。

11.2.1 定义模型

如前所述,在 SAC 算法中 action 模型计算的结果依然是各个动作被采用的概率,代码如下:

```
#第11章/定义 action 模型
import torch

model_action = torch.nn.Sequential(
    torch.nn.Linear(4, 64),
    torch.nn.ReLU(),
    torch.nn.Linear(64, 64),
    torch.nn.ReLU(),
    torch.nn.Linear(64, 2),
    torch.nn.Softmax(dim=1),
)

model_action(torch.randn(2, 4))
```

可以看到模型的最后一层是 Softmax 层,可见计算的是各个动作被采用的概率,因此 SAC 算法不是一个能确定动作的算法。

接下来可以定义 value 模型,为了避免过高估计的问题,SAC 算法采用了类似 TD3 算法的多组 value 模型,在计算 Q 值时取各个 value 模型计算结果中最小的值,这样可以缓解过高估计的问题,代码如下:

```
#第 11 章/定义多组 value 模型
model_value1 = torch.nn.Sequential(
    torch.nn.Linear(4, 64),
    torch.nn.ReLU(),
    torch.nn.Linear(64, 64),
    torch.nn.ReLU(),
    torch.nn.Linear(64, 2),
)

model_value2 = torch.nn.Sequential(
    torch.nn.Linear(4, 64),
    torch.nn.ReLU(),
    torch.nn.Linear(64, 64),
    torch.nn.ReLU(),
    torch.nn.Linear(64, 2),
)

model_value1_next = torch.nn.Sequential(
    torch.nn.Linear(4, 64),
    torch.nn.ReLU(),
    torch.nn.Linear(64, 64),
    torch.nn.ReLU(),
    torch.nn.Linear(64, 2),
)

model_value2_next = torch.nn.Sequential(
    torch.nn.Linear(4, 64),
    torch.nn.ReLU(),
    torch.nn.Linear(64, 64),
    torch.nn.ReLU(),
    torch.nn.Linear(64, 2),
)

model_value1_next.load_state_dict(model_value1.state_dict())
model_value2_next.load_state_dict(model_value2.state_dict())

model_value1(torch.randn(2, 4))
```

从上面的代码可以看到定义了两组 value 模型,分别是两组双模型系统,一共有 4 个 value 模型,加上前面定义好的 action 模型,在 SAC 算法系统中一共有 5 个神经网络模型。

11.2.2　定义工具类和辅助函数

SAC 算法是一个异策略算法,可以使用数据池提高数据的利用率,此处使用的数据池和 play() 函数与 DQN 章节中使用的基本一致,故不再重复讲述。

定义变量 alpha 和一些辅助函数,代码如下:

```
#第 11 章/定义 alpha 和辅助函数
optimizer_action = torch.optim.Adam(model_action.parameters(), lr=2e-4)
optimizer_value1 = torch.optim.Adam(model_value1.parameters(), lr=2e-3)
optimizer_value2 = torch.optim.Adam(model_value2.parameters(), lr=2e-3)


def soft_update(_from, _to):
    for _from, _to in zip(_from.parameters(), _to.parameters()):
        value = _to.data * 0.995 + _from.data * 0.005
        _to.data.copy_(value)


def get_prob_entropy(state):
    prob = model_action(torch.FloatTensor(state).reshape(-1, 4))
    entropy = prob * (prob + 1e-8).log()
    entropy = -entropy.sum(dim=1, keepdim=True)

    return prob, entropy


def requires_grad(model, value):
    for param in model.parameters():
        param.requires_grad_(value)


alpha = 1.0
```

在上面的代码中定义了变量 alpha,该变量就是式(11-1)中的 alpha,它是熵函数的加权系数,由于该变量在训练的过程中要逐渐变化,所以将其定义为全局变量。

此外,在上面的代码中还定义了辅助函数:get_prob_entropy(),该函数能计算特定 state 下各个动作被采用的概率,以及对应的熵值。

11.2.3 训练 value 模型

准备好了以上辅助函数以后,现在就可以定义训练 value 模型的函数了,代码如下:

```
#第 11 章/训练 value 模型
def train_value(state, action, reward, next_state, over):
    requires_grad(model_value1, True)
    requires_grad(model_value2, True)
    requires_grad(model_action, False)

    #计算 target
    with torch.no_grad():
        #计算动作的熵
        prob, entropy = get_prob_entropy(next_state)
```

```
        target1 = model_value1_next(next_state)
        target2 = model_value2_next(next_state)
        target = torch.min(target1, target2)

    #加权熵,熵越大越好
    target = (prob * target).sum(dim=1, keepdim=True)
    target = target + alpha * entropy
    target = target * 0.98 * (1 - over) + reward

    #计算 value
    value = model_value1(state).gather(dim=1, index=action)
    loss = torch.nn.functional.mse_loss(value, target)
    loss.backward()
    optimizer_value1.step()
    optimizer_value1.zero_grad()

    value = model_value2(state).gather(dim=1, index=action)
    loss = torch.nn.functional.mse_loss(value, target)
    loss.backward()
    optimizer_value2.step()
    optimizer_value2.zero_grad()

    return loss.item()


train_value(state, action, reward, next_state, over)
```

在上面的代码中可以看到,使用了两个 value 模型来评估 target,取其中最小的作为最终的 target,这是缓解过高估计的一种技巧,和 TD3 算法中的做法一致。

此外,在 target 中加入了熵函数,这和本章开头的叙述一致,要让模型考虑熵函数的取值,从而不让动作的选择收敛得太快,从而更多地探索环境,避免落入局部最优点。

最后根据计算出来的 target 调整两个 value 模型的参数即可。

11.2.4 训练 action 模型

下面可以定义训练 action 模型的过程,代码如下:

```
#第 11 章/训练 action 模型
def train_action(state):
    requires_grad(model_value1, False)
    requires_grad(model_value2, False)
    requires_grad(model_action, True)
```

```
#计算熵
prob, entropy = get_prob_entropy(state)

#计算 value
value1 = model_value1(state)
value2 = model_value2(state)
value = torch.min(value1, value2)

#求期望求和
value = (prob * value).sum(dim=1, keepdim=True)

#加权熵
loss = -(value + alpha * entropy).mean()

loss.backward()
optimizer_action.step()
optimizer_action.zero_grad()

return loss.item()


train_action(state)
```

从上面的代码中可以看到,依然采用了双 value 模型评估 Q 值,再取其中的最小值,以此缓解过高估计。

由于 action 模型计算的是各个动作的概率,以概率乘以对应的 Q 值,再求和就可以得到 Q 值的期望,这样式(11-1)中的 Q 函数的部分就得到了,Q 函数和熵函数加权求和,就得到了要优化的目标,即 loss,最后最大化该目标函数即可。

11.2.5 执行训练

定义完以上辅助函数,就可以定义出 SAC 算法优化的过程了,代码如下:

```
#第 11 章/SAC 算法优化过程
def train():
    global alpha
    model_action.train()
    model_value1.train()
    model_value2.train()

    #训练 N 次
    for epoch in range(200):
        #更新 N 条数据
        pool.update()

        #每次更新过数据后学习 N 次
        for i in range(200):
```

```
        #采样一批数据
        state, action, reward, next_state, over = pool.sample()

        #训练
        train_value(state, action, reward, next_state, over)
        train_action(state)
        soft_update(model_value1, model_value1_next)
        soft_update(model_value2, model_value2_next)

    alpha *= 0.9

    if epoch % 10 == 0:
        test_result = sum([play()[-1] for _ in range(20)]) / 20
        print(epoch, len(pool), alpha, test_result)


train()
```

在上面的代码中可以看到,使用了数据池,提高了数据的利用率,有时这可以节省大量的时间和金钱。

采样得到数据后,交替训练 value 模型和 action 模型即可。让 alpha 按照一定速率逐渐下降,逐渐降低优化目标中熵函数的比例,最终算法收敛。下面是在训练过程中的输出:

```
0 426 0.9 22.2
10 2870 0.31381059609000017 163.05
20 6006 0.10941898913151243 181.9
30 9576 0.03815204244769462 176.25
40 12623 0.013302794647291147 168.75
50 15774 0.004638397686588107 162.0
60 18964 0.0016173092699229901 182.6
70 20000 0.0005639208733960181 192.65
80 20000 0.00019662705047555326 199.2
90 20000 6.85596132412799e-05 165.8
100 20000 2.390525899882879e-05 199.1
110 20000 8.335248417898115e-06 148.0
120 20000 2.9063214161987086e-06 159.8
130 20000 1.0133716178293888e-06 163.1
140 20000 3.5334083494636473e-07 169.85
150 20000 1.2320233115273002e-07 177.8
160 20000 4.295799664301754e-08 168.25
170 20000 1.4978527259308396e-08 199.45
180 20000 5.222689519770981e-09 199.05
190 20000 1.821039234880364e-09 200.0
```

可以看到学习的趋势非常明显,很显然机器人很快就能达到 200 分的成绩,之所以没有达到是因为还有熵函数的要求,不能采取太固定的动作,所以看起来收敛速度不快,但这种更多的探索其实是一件好事,能让机器人在真正的工作环境中表现得更稳定。

11.2.6 关于 alpha 的调整

上面的实现中 alpha 是按照固定速度下降的,这是一种偷懒的简单做法,在原始的 SAC 算法的要求中会使用更加复杂的方法来调整 alpha 的值,在原始的 SAC 算法中,alpha 也是一个要优化的变量,具有自己的 optimizer,它的调整也要计算 loss,本书为了简单起见,使用匀速下降代替了原始版本,读者如果对原始版本的 SAC 算法感兴趣,则可以查阅相关论文,本书不做太深入的展开。

11.3 SAC 算法的简化版实现

上面实现了一个比较完整的 SAC 算法,并应用在平衡车游戏环境中,该游戏环境的动作空间是离散的,不是左,就是右。可以看到最终训练的效果还是能让人满意的。

对于平衡车这个比较简单的游戏环境来讲使用完整版的 SAC 算法可能有点大材小用,所以本书给出一个简化版的实现,也能得出比较好的训练效果,并且更有助于读者理解 SAC 算法的计算过程。简化版的 SAC 算法主要简化了两个点:

(1) alpha 使用常量代替,而不再使用变量。

(2) 只使用一组 value 模型,而不是两组。

下面给出该简化版 SAC 算法实现的过程。

11.3.1 定义模型

首先只使用一组 value 模型,而不是两组,所以需要修改 value 模型的定义,代码如下:

```
#第11章/定义 value 模型
model_value = torch.nn.Sequential(
    torch.nn.Linear(4, 64),
    torch.nn.ReLU(),
    torch.nn.Linear(64, 64),
    torch.nn.ReLU(),
    torch.nn.Linear(64, 2),
)

model_value_next = torch.nn.Sequential(
    torch.nn.Linear(4, 64),
    torch.nn.ReLU(),
    torch.nn.Linear(64, 64),
    torch.nn.ReLU(),
    torch.nn.Linear(64, 2),
)

model_value_next.load_state_dict(model_value.state_dict())

model_value(torch.randn(2, 4))
```

可以看到现在只有一组 value 模型，而不是原版实现中的两组。

11.3.2　训练 value 模型

由于现在只有一组 value 模型了，所以原先调用 value 模型计算的部分都需要修改，接下来一个一个修改，首先来修改训练 value 模型的函数，代码如下：

```
#第 11 章/训练 value 模型
def train_value(state, action, reward, next_state, over):
    requires_grad(model_value, True)
    requires_grad(model_action, False)

    #计算 target
    with torch.no_grad():
        #计算动作的熵
        prob, entropy = get_prob_entropy(next_state)
        target = model_value_next(next_state)

    #加权熵，熵越大越好
    target = (prob * target).sum(dim=1, keepdim=True)
    target = target + 1e-3 * entropy
    target = target * 0.98 * (1 - over) + reward

    #计算 value
    value = model_value(state).gather(dim=1, index=action)
    loss = torch.nn.functional.mse_loss(value, target)
    loss.backward()
    optimizer_value.step()
    optimizer_value.zero_grad()

    return loss.item()


train_value(state, action, reward, next_state, over)
```

可以看到在简化版的 SAC 算法实现中，因为只有一组 value 模型，所以 target 的计算只需计算一次。此外可以注意到 alpha 不再是一个变量了，而是一个常量。

11.3.3　训练 action 模型

接下来需要修改训练 action 模型的函数，代码如下：

```
#第 11 章/训练 action 模型
def train_action(state):
    requires_grad(model_value, False)
    requires_grad(model_action, True)

    #计算熵
```

```
    prob, entropy = get_prob_entropy(state)

    #计算 value
    value = model_value(state)

    #求和
    value = (prob * value).sum(dim=1, keepdim=True)

    #加权熵
    loss = -(value + 1e-3 * entropy).mean()

    loss.backward()
    optimizer_action.step()
    optimizer_action.zero_grad()

    return loss.item()


train_action(state)
```

可以看到训练 action 模型的函数也得到了一定程度的简化。

11.3.4　执行训练

现在可以定义简化版的 SAC 算法的训练过程了,代码如下:

```
#第 11 章/SAC 算法训练
def train():
    model_action.train()
    model_value.train()

    #训练 N 次
    for epoch in range(200):
        #更新 N 条数据
        pool.update()

        #每次更新过数据后学习 N 次
        for i in range(200):
            #采样一批数据
            state, action, reward, next_state, over = pool.sample()

            #训练
            train_value(state, action, reward, next_state, over)
            train_action(state)
            soft_update(model_value, model_value_next)

        if epoch % 10 == 0:
            test_result = sum([play()[-1] for _ in range(20)]) / 20
```

```
        print(epoch, len(pool), test_result)


train()
```

可以看到由于使用常量替代了 alpha 变量,所以在训练过程中不再需要递减 alpha。

完成以上修改后就得到了简化版的 SAC 算法的实现,下面是该算法在训练过程中的输出:

```
0 429 14.5
10 2735 183.65
20 5004 198.0
30 7707 180.8
40 11235 182.7
50 14310 179.65
60 17349 183.85
70 20000 184.35
80 20000 187.75
90 20000 155.85
100 20000 130.05
110 20000 161.45
120 20000 154.8
130 20000 192.6
140 20000 195.2
150 20000 149.15
160 20000 170.0
170 20000 193.35
180 20000 199.0
190 20000 200.0
```

可以看到简化版的 SAC 算法也可以得到比较好的训练效果,这是因为平衡车游戏环境的复杂度不高,所以可以简化 SAC 算法中的部分细节。

11.4 在连续动作环境中的应用

前文介绍了 SAC 算法在离散动作环境中的应用,其实 SAC 算法也能应用在连续的动作环境中,这里使用倒立摆游戏环境作为例子来演示。倒立摆游戏环境如图 9-2 所示。

为了便于读者理解,这里以简化版的 SAC 算法的实现为蓝本进行修改。

11.4.1 定义模型

由于游戏环境的动作空间改变了,不再是离散的动作,而是连续的动作,所以 action 模型的计算结果不能再是各个动作被采用的概率,而应该是一个正态分布,表明了连续的动作的采样空间,所以需要修改 action 模型的定义,代码如下:

```
#第11章/定义action模型
import torch


class ModelAction(torch.nn.Module):

    def __init__(self):
        super().__init__()
        self.s = torch.nn.Sequential(
            torch.nn.Linear(3, 64),
            torch.nn.ReLU(),
            torch.nn.Linear(64, 64),
            torch.nn.ReLU(),
        )
        self.mu = torch.nn.Sequential(
            torch.nn.Linear(64, 1),
            torch.nn.Tanh(),
        )
        self.sigma = torch.nn.Sequential(
            torch.nn.Linear(64, 1),
            torch.nn.Tanh(),
        )

    def forward(self, state):
        state = self.s(state)
        return self.mu(state), self.sigma(state).exp()


model_action = ModelAction()

model_action(torch.randn(2, 3))
```

可以看到action模型的计算结果是一个正态分布,最终的动作值应该从该正态分布中通过采样得到。

接下来需要修改value模型的定义,由于是简化版的SAC算法,所以这里只会有一组value模型,代码如下:

```
#第11章/定义value模型
model_value = torch.nn.Sequential(
    torch.nn.Linear(4, 64),
    torch.nn.ReLU(),
    torch.nn.Linear(64, 64),
    torch.nn.ReLU(),
    torch.nn.Linear(64, 1),
)

model_value_next = torch.nn.Sequential(
```

```
    torch.nn.Linear(4, 64),
    torch.nn.ReLU(),
    torch.nn.Linear(64, 64),
    torch.nn.ReLU(),
    torch.nn.Linear(64, 1),
)

model_value_next.load_state_dict(model_value.state_dict())

model_value(torch.randn(2, 4))
```

虽然 value 模型的定义看起来和离散动作环境中的定义没有什么区别,但其实这里的计算已经改变了,首先可以注意到的是 value 计算的输出为 1 个数值,而不是离散动作环境中的两个数值。下面以两张图说明两种 value 模型计算输入和输出的差别。

11.4.2　value 模型的输入和输出

在平衡车游戏环境下,value 模型计算的输入是环境状态,即平衡车游戏环境中的 4 种状态数字,输出是各个动作的 Q 值,即平衡车游戏环境中的两个动作的 Q 值,如图 11-1 所示。

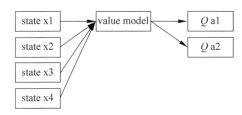

图 11-1　平衡车游戏环境下 value 模型的输入和输出

在倒立摆游戏环境下,value 模型计算的输入是环境状态和动作的拼合信息,即倒立摆游戏环境中的 3 种状态数值,再加上动作数值,拼合之后将 4 数值都输入 value 模型中进行计算,由于输入中已经包括了动作,所以输出就是该动作对应的 Q 值,如图 11-2 所示。

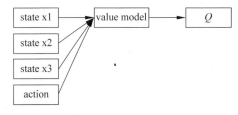

图 11-2　倒立摆游戏环境下 value 模型的输入和输出

很显然,这里 value 模型不能再输出所有动作对应的 Q 值,因为动作是连续值,理论上有无穷多个动作,所以 value 模型每次计算时把动作作为入参的部分,每次只计算这一个动作的 Q 值,所以在连续动作环境下的 value 模型和离散动作环境下的 value 模型计算的输入和输出都是不一样的。

11.4.3 修改工具类和辅助函数

完成上面模型结构的修改以后,现在模型能适应在连续动作环境下进行应用了,还需要修改部分辅助函数和工具类的代码,以适应在连续动作环境下应用,其中 play()函数在计算动作时需要被修改为从正态分布中采样,由于这部分代码比较简单,所以考虑到节省版本这里就不再贴出了。

部分辅助函数需要修改,尤其是计算动作的熵的部分,代码如下:

```
#第11章/定义辅助函数
optimizer_action = torch.optim.Adam(model_action.parameters(), lr=5e-4)
optimizer_value = torch.optim.Adam(model_value.parameters(), lr=5e-3)


def soft_update(_from, _to):
    for _from, _to in zip(_from.parameters(), _to.parameters()):
        value = _to.data * 0.995 + _from.data * 0.005
        _to.data.copy_(value)


def get_action_entropy(state):
    mu, sigma = model_action(torch.FloatTensor(state).reshape(-1, 3))
    dist = torch.distributions.Normal(mu, sigma)

    action = dist.rsample()

    return action, sigma

def requires_grad(model, value):
    for param in model.parameters():
        param.requires_grad_(value)
```

由于动作是从正态分布中通过采样得到的,使用高斯密度函数可以计算动作被采样的概率,最后求该正态分布的熵即可。

这里引出了一个奇怪的问题,正态分布的熵应该如何计算? 以往计算熵都是在离散分布中,只要使用熵函数计算即可,但是如果不是离散分布,而是一个连续的正态分布,则应该如何计算它的熵呢?

要解决该问题可以回到熵的定义上来,熵衡量的是系统的混乱程度。在采样工作中,熵的含义即预测采样结果的难度。很显然,采样结果越确定,熵就越小;反之,采样结果越随机,越难以预测,熵就越大。

根据以上思想,要衡量一个正态分布的采样结果的预测难度,直接使用该正态分布的标准差即可。因为要确定一个正态分布只需两个参数,即均值和标准差,而要预测该正态分布的采样结果,总是猜测是均值就是最优解,因为均值被采样的概率总是最大的,而采样结果有多大概率偏离均值只和标准差有关,所以可以直接使用标准差作为该正态分布的熵。

11.4.4　训练 value 模型

下面定义训练 value 模型的函数,代码如下:

```
#第 11 章/训练 value 模型
def train_value(state, action, reward, next_state, over):
    requires_grad(model_value, True)
    requires_grad(model_action, False)

    #计算 target
    with torch.no_grad():
        #计算动作和熵
        next_action, entropy = get_action_entropy(next_state)

        #评估 next_state 的价值
        input = torch.cat([next_state, next_action], dim=1)
        target = model_value_next(input)

    #加权熵,熵越大越好
    target = target + 5e-3 * entropy
    target = target * 0.99 * (1 - over) + reward

    #计算 value
    value = model_value(torch.cat([state, action], dim=1))

    loss = torch.nn.functional.mse_loss(value, target)

    loss.backward()
    optimizer_value.step()
    optimizer_value.zero_grad()

    return loss.item()


train_value(state, action, reward, next_state, over)
```

可以看到这段代码和离散动作环境中的代码基本一致,由于是简化版的 SAC 算法的实现,所以 alpha 是常量。

11.4.5　训练 action 模型

下面定义训练 action 模型的函数,代码如下:

```
#第 11 章/训练 action 模型
def train_action(state):
    requires_grad(model_value, False)
    requires_grad(model_action, True)

    #计算 action 和熵
```

```
action, entropy = get_action_entropy(state)

#计算value
value = model_value(torch.cat([state, action], dim=1))

#加权熵,熵越大越好
loss = -(value + 5e-3 * entropy).mean()

#使用model_value计算model_action的loss
loss.backward()
optimizer_action.step()
optimizer_action.zero_grad()

return loss.item()


train_action(state)
```

可以看到基本和离散动作环境中的实现一致,同样使用了常量代替alpha变量。

11.4.6   执行训练

定义完以上辅助函数以后,现在可以定义SAC算法的训练过程了,代码如下:

```
#第11章/SAC算法训练
def train():
    model_action.train()
    model_value.train()

    #训练N次
    for epoch in range(100):
        #更新N条数据
        pool.update()

        #每次更新过数据后学习N次
        for i in range(200):
            #采样一批数据
            state, action, reward, next_state, over = pool.sample()

            #训练
            train_value(state, action, reward, next_state, over)
            train_action(state)
            soft_update(model_value, model_value_next)

        if epoch % 10 == 0:
            test_result = sum([play()[-1] for _ in range(20)]) / 20
            print(epoch, len(pool), test_result)


train()
```

可以看到训练的主体流程还是比较简单的，每次采样一批数据后交替训练 value 模型和 action 模型即可，由于使用了简化版的 SAC 算法，所以 alpha 为常量，也不需要进行递减了。在训练过程中的输出如下：

```
0 400 33.43052610713056
10 2400 117.36476210537043
20 4400 180.2052989746231
30 6400 176.09416724964098
40 8400 177.69048961029395
50 10400 181.38156840913834
60 12400 180.11599751167884
70 14400 182.01393661808527
80 16400 178.62870999844935
90 18400 176.47998019033346
```

可以看到在倒立摆游戏环境中 SAC 算法的表现还是比较好的，进步很快，也很稳定，这验证了算法实现是正确且有效的。

11.5　小结

本章介绍了 SAC 算法的思路和实现，SAC 主要做出了两点创新：

（1）考虑动作的熵，把动作的熵加入优化目标函数中，不让动作的熵收敛得太快，从而增强探索性，并随着训练程度的加深，逐渐减小熵函数的权重，从而使策略更倾向于利用。

（2）异策略化，在离散动作环境中计算 Q 函数的期望，在连续动作环境中把动作作为计算 Q 值的入参，解耦 action 模型和环境，从而使算法成为异策略算法，可以使用非自身产生的数据进行训练，从而提高数据的利用率。

本章实现了较为完整的 SAC 算法，为了便于读者理解，还实现了简化版的 SAC 算法，主体思想是不变的，均是前面提到的两点。

SAC 算法同时支持离散动作环境和连续动作环境，本章在这两种动作环境中都应用了 SAC 算法，并且都取得了稳定且优秀的成绩。

第 12 章

模 仿 学 习

12.1 模仿学习简介

本章来学习模仿学习,在本书的所有章节和所有介绍的算法中模仿学习可能是最简单的,甚至比最开始介绍的 QLearning 算法还要简单,因为模仿学习严格来讲并不是强化学习方法。所谓强化学习应该是指复杂度和游戏环境无关的算法,并且随着数据量、训练量、模型体量的增加能无限提升性能,直至理论上的极限为止,如果在多智能体环境中,则应该能达到纳什均衡。事实上我们生活的现实社会就是纳什均衡的结果。很显然模仿学习并不符合这样的定义。

所谓模仿学习,也就是学习其他人处理环境状态的数据,别人怎么做,它也怎么做,如图 12-1 所示。

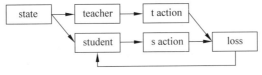

图 12-1　模仿学习过程

在该系统中有两个模型,分别为老师和学生,其中老师可以是一个人,也可以是一个训练得比较好的强化学习机器人,对老师的要求是能够对环境中的大多数状态做出比较好的动作,而学生模型就是模仿学习要训练的对象,它不和环境交互,而是只学习老师的动作,每次获得一种状态后,学生做出一个动作,并且和老师的动作求差异,并以该差异修正学生模型的参数,最终目标是让学生模型做出的动作尽量接近老师的动作。

通过上面的叙述,可以感觉到整个系统运行的过程并不复杂,但是为了节省资源该系统还能再进一步地进行简化,如图 12-2 所示。

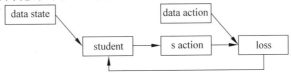

图 12-2　更简单的模仿学习过程

图 12-2 对比图 12-1,可以发现去掉了老师模型,图 12-2 中的状态和动作均为离线数据,这些数据可以是人类或者训练好的强化学习智能体玩出来的数据,数据的量取决于要学习的环境的复杂度,以本章的例子来讲,只要收集 2 万条离线数据即可。

把流程修改为图 12-2 以后,可以看到所有的数据均为离线数据,整个学习的过程不需要更新数据,也不需要和环境进行交互,所以模仿学习是彻彻底底的离线算法。

模仿学习由于是学习其他人类或者智能体产生的数据,所以它的性能理论上不能超过它的老师,这和其他强化学习算法有本质的区别,熟悉机器学习的读者也能看出来,该算法的学习过程也就是一个标准的机器学习的过程,即让学生模型去拟合离线数据。

12.2 在离散动作环境中的应用

模仿学习算法既能应用在离散动作环境中,也能应用在连续动作环境中。下面先来看在离散动作环境中的应用,游戏环境依然是平衡车游戏环境,如图 4-2 所示。

12.2.1 定义数据集

先来看离散动作环境的数据集的样例,如表 12-1 所示。

表 12-1 离散动作环境数据集

state 1	state 2	state 3	state 4	action
$-2.83\mathrm{E}-03$	$1.80\mathrm{E}-02$	$-1.88\mathrm{E}-02$	$-3.68\mathrm{E}-02$	0
$-2.47\mathrm{E}-03$	$-1.77\mathrm{E}-01$	$-1.95\mathrm{E}-02$	$2.50\mathrm{E}-01$	0
$-6.01\mathrm{E}-03$	$-3.72\mathrm{E}-01$	$-1.45\mathrm{E}-02$	$5.36\mathrm{E}-01$	1
$-1.34\mathrm{E}-02$	$-1.76\mathrm{E}-01$	$-3.76\mathrm{E}-03$	$2.39\mathrm{E}-01$	0
$-1.70\mathrm{E}-02$	$-3.71\mathrm{E}-01$	$1.02\mathrm{E}-03$	$5.31\mathrm{E}-01$	1
$-2.44\mathrm{E}-02$	$-1.76\mathrm{E}-01$	$1.16\mathrm{E}-02$	$2.38\mathrm{E}-01$	0
$-2.79\mathrm{E}-02$	$-3.72\mathrm{E}-01$	$1.64\mathrm{E}-02$	$5.35\mathrm{E}-01$	1
$-3.54\mathrm{E}-02$	$-1.77\mathrm{E}-01$	$2.71\mathrm{E}-02$	$2.47\mathrm{E}-01$	1
...				

从表 12-1 可以看出,该数据集每行包括 5 个数值,其中前 4 个为状态数值,最后一个数值为动作,由于是离散动作,所以都是整数,可以看到不是 0 就是 1,这是因为在平衡车游戏环境中只有两个动作,分别代表了左和右。该数据集共 2 万行。

上面就是模仿学习要学习的数据集了,可以看到还是比较简单的,如前所示,模仿学习就是单纯的函数拟合,在模仿学习中一般使用深度学习的方式去拟合,按照深度学习的一般流程,下面先把要使用的数据集定义出来,代码如下:

```
#第12章/封装数据集
import torch


#封装数据集
class Dataset(torch.utils.data.Dataset):

    def __init__(self):
        import numpy as np
        data = np.loadtxt('离散动作.txt')
        self.state = torch.FloatTensor(data[:, :4])
        self.action = torch.LongTensor(data[:, -1])

    def __len__(self):
        return len(self.state)

    def __getitem__(self, i):
        return self.state[i], self.action[i]


dataset = Dataset()

len(dataset), dataset[0]
```

运行结果如下：

```
(20000, (tensor([-0.0028, 0.0180, -0.0188, -0.0368]), tensor(0)))
```

有了数据集以后还要定义 loader，以便遍历数据集，代码如下：

```
#第12章/数据加载器
loader = torch.utils.data.DataLoader(dataset=dataset,
                                     batch_size=8,
                                     shuffle=True,
                                     drop_last=True)

len(loader), next(iter(loader))
```

运行结果如下：

```
(2500,
[tensor([[ 1.5843e-01, -5.3389e-02,  2.4347e-04,  1.3181e-01],
         [ 1.5329e-01,  1.9470e-01,  4.8345e-03, -2.3730e-01],
         [ 1.6449e-01,  1.5640e-01,  8.6902e-04, -1.7631e-01],
         [ 5.2323e-02,  1.6990e-01,  1.5965e-03, -1.8915e-01],
         [ 7.1826e-02, -3.7482e-02, -1.0227e-02,  1.6802e-01],
         [ 9.2822e-02,  1.5960e-01,  9.0184e-03, -1.6790e-01],
         [ 1.3534e-01, -2.3736e-01,  2.2018e-02,  3.8089e-01],
         [ 3.7986e-02, -1.7835e-02, -2.2120e-03,  1.0894e-01]]),
  tensor([1, 0, 0, 0, 1, 0, 1, 1])])
```

12.2.2 定义模型

定义好了数据集以后,现在就可以定义神经网络模型了,也就是模仿学习要训练的对象,代码如下:

```
#第12章/定义模型
model = torch.nn.Sequential(
    torch.nn.Linear(4, 64),
    torch.nn.ReLU(),
    torch.nn.Linear(64, 64),
    torch.nn.ReLU(),
    torch.nn.Linear(64, 2),
)

model(torch.randn(2, 4)).shape
```

可以看到该神经网络模型的结构还是比较简单的,由于要学习的环境信息也比较简单,所以这样体量的神经网络模型就已经足够了,运行结果如下:

```
torch.Size([2, 2])
```

12.2.3 执行训练

完成以上工作以后,现在就可以开始模仿学习的训练了,代码如下:

```
#第12章/模仿学习训练
def train():
    model.train()
    optimizer = torch.optim.Adam(model.parameters(), lr=1e-3)
    loss_fn = torch.nn.CrossEntropyLoss()

    for epoch in range(10):
        for i, (state, action) in enumerate(loader):
            out = model(state)

            loss = loss_fn(out, action)
            loss.backward()
            optimizer.step()
            optimizer.zero_grad()

        if epoch % 1 == 0:
            out = out.argmax(dim=1)
            acc = (out == action).sum().item() / len(action)
            print(epoch, loss.item(), acc)

train()
```

可以看到这是一个非常标准的深度学习的训练过程,运行结果如下:

```
0 0.23804855346679688 0.875
1 0.23378416895866394 1.0
2 0.6556164622306824 0.75
3 0.14761586487293243 1.0
4 0.2092546820640564 1.0
5 0.12375369668006897 1.0
6 0.16725218296051025 0.875
7 0.3405707776546478 0.875
8 0.0441044345498085 1.0
9 0.7327598333358765 0.875
```

从输出来看训练的效果还是比较好的,学生模型能在 87% 的情况下做出和老师同样的
动作。

12.2.4　测试

训练完成以后可以使用学生模型进行测试,检查学生模型的性能如何,定义用于测试的
代码,代码如下:

```
#第 11 章/测试
from IPython import display
import random


#玩一局游戏并记录数据
def play(show=False):
    reward_sum = 0

    state = env.reset()
    over = False
    while not over:
        action = model(torch.FloatTensor(state).reshape(1, 4)).argmax().item()
        if random.random() < 0.1:
            action = env.action_space.sample()

        state, reward, over = env.step(action)
        reward_sum += reward

        if show:
            display.clear_output(wait=True)
            env.show()

    return reward_sum


#测试
sum([play() for _ in range(20)]) / 20
```

可以看到学生模型的使用方式是直接使用它计算动作,并使用该动作玩游戏,一共测试了 20 局游戏,并计算了平均分,测试结果如下:

```
200.0
```

可以看到测试的效果还是良好的,20 局都得到了 200 分的高分成绩,可见训练的过程是成功的。

12.3　在连续动作环境中的应用

上面是模仿学习在离散动作环境中的应用,可以看到实现过程还是非常简单的,也就是非常标准的深度学习拟合的过程,下面介绍在连续动作空间中的应用。

游戏环境依然是倒立摆游戏环境,如图 9-2 所示。

12.3.1　定义数据集

下面先来看连续动作环境的数据集的样例,如表 12-2 所示。

表 12-2　连续动作环境数据集

state 1	state 2	state 3	action
4.41E−01	8.97E−01	−7.14E−01	−1.06E+00
4.57E−01	8.90E−01	−3.41E−01	−1.17E+00
4.55E−01	8.90E−01	2.64E−02	−1.02E+00
4.38E−01	8.99E−01	3.94E−01	−1.08E+00
4.03E−01	9.15E−01	7.68E−01	4.11E−01
3.29E−01	9.44E−01	1.58E+00	6.68E−01
2.10E−01	9.78E−01	2.49E+00	1.00E+00
3.54E−02	9.99E−01	3.52E+00	1.34E+00
...			

从表 12-2 可以看出,该数据集每行包括 4 个数值,其中前 3 个为状态数值,最后一个数值为动作,由于是连续动作,所以动作都是小数,动作的值在 −1～1 附近,这和倒立摆的动作空间的定义一致。该数据集共 2 万行。

和离散动作一样,这里也要先定义出数据集,代码如下:

```
#第 12 章/封装数据集
import torch


#封装数据集
class Dataset(torch.utils.data.Dataset):

    def __init__(self):
```

```
        import numpy as np
        data = np.loadtxt('连续动作.txt')
        self.state = torch.FloatTensor(data[:, :3])
        self.action = torch.FloatTensor(data[:, -1]).reshape(-1, 1)

    def __len__(self):
        return len(self.state)

    def __getitem__(self, i):
        return self.state[i], self.action[i]


dataset = Dataset()

len(dataset), dataset[0]
```

运行结果如下：

```
(20000, (tensor([ 0.4413, 0.8974, -0.7139]), tensor([-1.0650])))
```

定义 loader 的代码如下：

```
#第 12 章/数据加载器
loader = torch.utils.data.DataLoader(dataset=dataset,
                                     batch_size=8,
                                     shuffle=True,
                                     drop_last=True)

len(loader), next(iter(loader))
```

运行结果如下：

```
(2500,
[tensor([[ 0.9726, 0.2323, 0.0481],
        [ 0.9957, 0.0925, 1.3494],
        [ 0.9849, 0.1728, 0.4492],
        [ 0.9974, 0.0718, -1.6214],
        [ 0.9719, 0.2356, -0.0301],
        [ 0.9742, 0.2259, -0.2024],
        [ 0.9607, -0.2774, -0.6714],
        [ 0.9857, 0.1687, 0.4045]]),
 tensor([[-0.8233],
        [-0.8886],
        [-0.6845],
        [ 0.1982],
        [-0.7237],
        [-0.1562],
        [ 1.0381],
        [-0.5526]])])
```

12.3.2　定义模型

定义好了数据集以后,现在就可以定义神经网络模型了,也就是模仿学习要训练的对象,代码如下:

```
#第 12 章/定义模型
import torch

model = torch.nn.Sequential(
    torch.nn.Linear(3, 64),
    torch.nn.ReLU(),
    torch.nn.Linear(64, 64),
    torch.nn.ReLU(),
    torch.nn.Linear(64, 1),
    torch.nn.Tanh(),
)

model(torch.randn(2, 3)).shape
```

运行结果如下:

```
torch.Size([2, 1])
```

12.3.3　执行训练

完成以上工作以后,现在就可以开始模仿学习的训练了,代码如下:

```
#第 12 章/模仿学习训练
#训练
def train():
    model.train()
    optimizer = torch.optim.Adam(model.parameters(), lr=2e-4)
    loss_fn = torch.nn.MSELoss()

    for epoch in range(10):
        for i, (state, action) in enumerate(loader):
            out = model(state)

            loss = loss_fn(out, action)
            loss.backward()
            optimizer.step()
            optimizer.zero_grad()

        if epoch % 1 == 0:
            print(epoch, loss.item())


train()
```

可以看到这是一个非常标准的深度学习的训练过程,运行结果如下:

```
0 0.038115568459033966
1 0.03741789981722832
2 0.06291048228740692
3 0.08614323288202286
4 0.10068434476852417
5 0.038076382130384445
6 0.05754101648926735
7 0.06762734055519104
8 0.06364182382822037
9 0.09015730768442154
```

12.3.4 测试

训练完成以后可以使用学生模型进行测试,检查学生模型的性能如何,定义用于测试的代码,代码如下:

```python
#第 11 章/测试
from IPython import display
import random


#玩一局游戏并记录数据
def play(show=False):
    reward_sum = 0

    state = env.reset()
    over = False
    while not over:
        action = model(torch.FloatTensor(state).reshape(1, 3)).item()

        #给动作添加噪声,增加探索
        action += random.normalvariate(mu=0, sigma=0.2)

        state, reward, over = env.step(action)
        reward_sum += reward

        if show:
            display.clear_output(wait=True)
            env.show()

    return reward_sum


#测试
sum([play() for _ in range(20)]) / 20
```

可以看到学生模型的使用方式是直接使用它计算动作,并使用该动作玩游戏,一共测试

了 20 局游戏,并计算了平均分,测试结果如下:

```
169.6805284130523
```

可以看到测试的效果还是比较好的,20 局游戏的平均分达到了 169 分,在倒立摆游戏环境中这个分数是比较高的,可见训练的过程是成功的。

12.4 小结

本章介绍了模仿学习,该算法并不是一个强化学习算法,而是采用传统的机器学习的思路,用一个神经网络模型去拟合比较好的数据集,数据集可以由人类或者其他强化学习智能体产生,由于模仿学习是学习他人的数据集去玩游戏,所以数据集的质量决定了学习的结果有多好,或者说数据集的质量决定了学习的上限。

模仿学习是一个完全离线学习算法,在整个学习的过程中不需要和环境进行交互,这在某些场景下很重要,例如智能驾驶,可以很轻松地收集到海量的人类开车的经验,再使用模仿学习让机器人学习人类的动作,最终让机器人开车的水平接近人类的水平。

本章介绍的模仿学习是一个比较简单的离线学习的思路,后续章节还会介绍一个更加高级的离线学习算法,即 CQL 算法,到达该章节时再详细展开该算法的介绍。

多智能体篇

第 13 章

合作关系的多智能体

13.1 多智能体简介

从本章开始,正式开始学习多智能体的内容,和前面的章节不同,在多智能体系统中,更多的是关心和其他智能体的合作或者对抗。前面的章节主要关心智能体和环境的互动和进步。

智能体之间的关系分为合作和对抗两种关系,其他的关系也可以笼统地归入这两种关系中的一种。下面分别来分析这两种关系。

(1) 合作关系的多智能体有共同的利益关系,一荣俱荣,一损俱损,它们的 reward 往往是相同的,目标是群体利益的最大化。

(2) 对抗关系的多智能体的利益是相互矛盾的,有时甚至是零和博弈的,某个智能体的收益意味着其他智能体的损失,它们训练的目标是达到纳什均衡。

本章主要关注合作关系的多智能体,在后续章节中会讨论对抗关系的多智能体。下面通过一个实际的例子来说明合作关系的多智能体,如图 13-1 所示。

图 13-1 抢座位小游戏

这是一个模拟抢座位的游戏环境,环境中有两个智能体,还有两个座位,很显然,两个智能体的目的是移动到各自的座位上,为了给游戏增加一点难度,当两个机器发生碰撞时,给它们两个同时扣分,此外寻路路径越短越好。

仔细观察图 13-1 所示的抢座位小游戏,可以看出来这是一个合作关系的游戏,两个智能体的目标并不冲突,如果它们好好合作,则两个智能体都可以取得高分,如果它们相互争斗,则两个智能体的分数都会很低。很显然,它们的最优策略应该是如图 13-2 所示的情况。

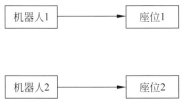

图 13-2   抢座位小游戏的最优策略

在图 13-2 所示的策略下，两个智能体的寻路路径都达到了最短，并且不会发生碰撞，此时的策略达到了最优，环境应该给予最大反馈。

但是事情总是不会很完美，如果每次游戏开局时智能体和座位的位置都随机放置，则会怎样呢？例如出现了如图 13-3 所示的情况。

图 13-3   抢座位小游戏可能的一种情况

此时游戏的最优解并不唯一，很显然存在如图 13-4 所示的两种最优解。

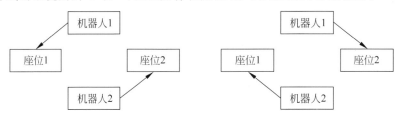

图 13-4   具有复数个最优解的情况

此时游戏环境具有复数个最优解，对于两个智能体来讲选择其中的任何一种都是可以的，此时智能体之间的沟通很重要，最好能确保两个智能体同时选择了一种最优解，否则可能出现如图 13-5 所示的冲突情况。

图 13-5   冲突的情况

如果两个智能体沟通不好，则可能就会出现冲突的情况，此时两个智能体被同时扣分。此时虽然两个智能体的目标相同，即都是既为了让自己得到最大奖励，也为了帮助同伴获得最大奖励,所以都选择了它们认为的最优策略,但沟通上的问题会导致"好心办坏事"。

因此,产生了多智能体中的一个重要分支,即智能体之间是否有通信,以及在多大程度上沟通。在实际应用时主要分为 3 种可能的情况,下面一一举例说明。

13.1.1 有通信的情况

有通信的智能体无论是在训练时,还是在运行时,所有智能体之间都是共享信息的,如图 13-6 所示。

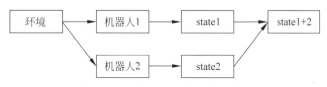

图 13-6 智能体通信共享状态数据

在有通信的多智能体系统中,每个智能体都能从环境中观察到各自的状态数据,它们通过通信共享各自的状态数据,最后把这些状态数据拼合在一起,所以说这些智能体是共享视野的。

在某些游戏环境中每个智能体能观察到的状态数据是不同的,有可能每个智能体只能观察到环境状态的一部分,所以每个智能体都有自己的局限性,可能会由于信息不足而做出错误的决策,如果智能体能通过通信交换彼此的状态信息,就能在很大程度上补足状态数据,从而做出更准确的决策。

不知道读者是否看过知名漫画《火影忍者》呢?在这部作品里有一个强悍的角色叫作佩恩六道,他的强大很大程度上是由于他的 6 个分身是共享视野的,一个人看见等于所有人看见,共享的情报能帮助他做出更准确的决策,这和本节介绍的有通信的多智能体如出一辙。

当所有的智能体通过通信共享了各自的状态数据后,所有的智能体再根据共享的状态数据做出各自的决策,如图 13-7 所示。

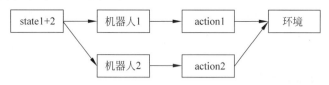

图 13-7 通信后的智能体做出决策

所有的智能体做出决策后,执行和环境的交互。由于这些智能体是合作关系的,所以它们的利益是一致的,通常它们会避免争斗,并且会选择让彼此都可以得到高分的决策。通过通信共享状态数据更有助于它们做出这样的决策。

13.1.2 训练时有通信的情况

13.1.1 节介绍了有通信的情况,有通信能帮助多智能体共同做出更优的决策,看起来十分美好,但是有通信有时对硬件的要求太高了,不够灵活,不能适应复杂的运行环境,例如应用在军事行动中的机器人,要求其他机器人即使损坏,剩下的机器人也能正常地工作,并且不明显地降低性能。

由于多智能体是合作关系,完全无通信的训练效率不高,所以在训练阶段可以允许智能体之间进行通信。由于训练时的环境一般是比较可控的,所以可以使用通信来帮助它们提高训练的效率。

应对这种需求,提出了训练时有通信的多智能体,即在训练时允许智能体之间进行通信,但是在运行时智能体之间是不通信的。这听起来近乎是不可能的,因为无论是机器学习、深度学习、强化学习都强调训练数据和测试数据是同分布的,要求"学的和考的是一样的"。

针对这样的矛盾,解决的办法也很简单,可以使用"演员评委"算法,注意到该算法中的"评委"只在训练阶段有用,到了运行阶段,完全不需要"评委",只是使用"演员"来做出动作即可。

由于"演员评委"算法具有这样的特性,所以可以做到只在训练时有通信,而在运行时无通信,具体做法如图 13-8 所示。

图 13-8 "演员评委"算法训练多智能体

当把"演员评委"算法应用在多智能体系统中时,可以使用一个共同的"评委"来评价所有"演员"的动作,在这个系统中每个"演员"只关注自己能观察到的环境数据,独立地做出自己的动作,该过程不需要和其他"演员"通信,也就做到了要求中的运行时无通信,在训练阶段由同一个"评委"统一评价所有"演员"的动作,由于"评委"具有全局的环境数据,所以它能做出更全面的评价,也就是在训练阶段有通信,这比完全无通信的训练更有效率。

在某种程度上是"评委"在负责指挥调度所有"演员"的秩序,帮助"演员们"找到最适合自己的策略,以便和其他"演员"配合,做出一场好的表演,最终"评委"功成身退,把舞台留给"演员们"。

A2C 算法是一个很好的"演员评委"算法,本书在"AC 和 A2C 算法"一章介绍了该算法,不熟悉的读者可以回到该章节复习,后续的代码将基于 A2C 算法实现。

13.1.3 无通信的情况

13.1.2 节介绍了有通信和训练时有通信的两种情况,这两种情况一般应用在合作关系的多智能体系统中,因为在合作关系中多智能体的目标一致,分享环境数据能帮助它们做出更明智的决策。很显然还存在完全无通信的第 3 种情况,对于合作关系的多智能体系统来讲无通信的适用场景稍少,本书在对抗关系的多智能体的部分再来介绍无通信的情况,无通信一般只应用在对抗关系的多智能体系统中。

13.2 合作关系游戏环境介绍

上面介绍了合作关系的多智能体的实现思路,这里开始着手代码的实现,首先来认识一下要使用的游戏环境,如图 13-9 所示。

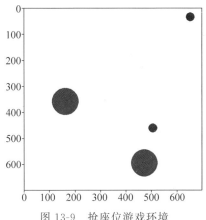

图 13-9 抢座位游戏环境

这是一个抢座位的游戏环境,该游戏环境的特性如下:

(1)图中有两个大的圆点,这两个大的圆点就是两个智能体,两个小的圆点就是两个"座位"。

(2)智能体的出生点,和"座位"的初始位置都是随机的。

(3)智能体的目标是找到各自的"座位"。

(4)如果两个智能体发生碰撞,则会被同时扣分。

(5)寻路路径越短越好。

(6)智能体的动作空间是上、下、左、右 4 个动作。

(7)每局游戏最多可以玩 50 步。

很显然这是一个合作关系的游戏环境,符合本章的要求。下面先把该游戏环境定义出来,代码如下:

```
#第 13 章/定义环境
import gym


#定义环境
class MyWrapper(gym.Wrapper):

    def __init__(self):
        from pettingzoo.mpe import simple_spread_v3
        self.N = 2
```

```
            env = simple_spread_v3.env(N=self.N,
                                        local_ratio=0.5,
                                        max_cycles=1e8,
                                        render_mode='rgb_array')
            super().__init__(env)
            self.env = env
            self.step_n = 0

        def reset(self):
            self.env.reset()
            self.step_n = 0

            #不允许两个目标点靠得太近
            import numpy as np
            mark0, mark1 = self.env.env.env.world.landmarks
            dist = np.array(mark0.state.p_pos) - np.array(mark1.state.p_pos)
            dist = (dist ** 2).sum() ** 0.5
            if dist < 1:
                return self.reset()

            return self.state()

        def state(self):
            state = []
            for i in self.env.agents:
                state.append(env.observe(i).tolist())
            return state

        def step(self, action):
            #走一步停N步，取消惯性
            reward_sum = [0] * self.N
            for i in range(5):
                if i != 0:
                    action = [-1, -1]
                next_state, reward, over = self._step(action)
                for j in range(self.N):
                    reward_sum[j] += reward[j]
                self.step_n -= 1

            self.step_n += 1

            return next_state, reward_sum, over

        def _step(self, action):
            for i, _ in enumerate(env.agent_iter(self.N)):
                self.env.step(action[i] + 1)

            reward = [self.env.rewards[i] for i in self.env.agents]
```

```
        _, _, termination, truncation, _ = env.last()
        over = termination or truncation

        #限制最大步数
        self.step_n += 1
        if self.step_n >= 50:
            over = True

        return self.state(), reward, over

    #打印游戏图像
    def show(self):
        from matplotlib import pyplot as plt
        plt.figure(figsize=(3, 3))
        plt.imshow(self.env.render())
        plt.show()


env = MyWrapper()
env.reset()

env.show()
```

在这段代码中对抢座位游戏环境进行了包装,修改了游戏环境的部分特性,主要的修改点如下:

(1) 定义了有两个智能体和两个"座位"。

(2) 初始化环境时不允许两个"座位"靠得太近,以降低训练的难度。

(3) 对游戏的动作惯性进行了衰减,原版游戏的惯性很大,不利于训练的收敛。

(4) 限制每局游戏最多玩 50 步。

游戏的图像如图 13-9 所示。这样就定义好了一个适用于多智能体的游戏环境,使用起来和普通的游戏环境没有太大区别,也有 reset()、step() 等函数,只不过无论是输入的参数,还是输出的数据都是 N 份,N 等于智能体的数量,在本章的例子中 $N=2$。

13.3 定义 A2C 算法

有了游戏环境以后现在就可以定义要使用的算法模型了,如前所述,使用一个"演员评委"算法会比较方便,本章将使用 A2C 算法实现。下面定义出 A2C 算法,代码如下:

```
#第 13 章/A2C 算法
import torch


class A2C:
```

```python
    def __init__(self, model_actor, model_critic, model_critic_delay,
                 optimizer_actor, optimizer_critic):
        self.model_actor = model_actor
        self.model_critic = model_critic
        self.model_critic_delay = model_critic_delay
        self.optimizer_actor = optimizer_actor
        self.optimizer_critic = optimizer_critic

        self.model_critic_delay.load_state_dict(self.model_critic.state_dict())
        self.requires_grad(self.model_critic_delay, False)

    def soft_update(self, _from, _to):
        for _from, _to in zip(_from.parameters(), _to.parameters()):
            value = _to.data * 0.99 + _from.data * 0.01
            _to.data.copy_(value)

    def requires_grad(self, model, value):
        for param in model.parameters():
            param.requires_grad_(value)

    def train_critic(self, state, reward, next_state, over):
        self.requires_grad(self.model_critic, True)
        self.requires_grad(self.model_actor, False)

        #计算 values 和 targets
        value = self.model_critic(state)

        with torch.no_grad():
            target = self.model_critic_delay(next_state)
        target = target * 0.99 * (1 - over) + reward

        #时序差分误差，也就是 tdloss
        loss = torch.nn.functional.mse_loss(value, target)

        loss.backward()
        self.optimizer_critic.step()
        self.optimizer_critic.zero_grad()
        self.soft_update(self.model_critic, self.model_critic_delay)

        #减去 value，相当于去基线
        return (target - value).detach()

    def train_actor(self, state, action, value):
        self.requires_grad(self.model_critic, False)
        self.requires_grad(self.model_actor, True)

        #重新计算动作的概率
        prob = self.model_actor(state)
```

```
        prob = prob.gather(dim=1, index=action)

        #根据策略梯度算法的导函数实现
        #函数中的 Q(state,action),这里使用 critic 模型估算
        prob = (prob + 1e-8).log() * value
        loss = -prob.mean()

        loss.backward()
        self.optimizer_actor.step()
        self.optimizer_actor.zero_grad()

        return loss.item()
```

在这段代码中完整地定义了 A2C 算法,包括完整的训练过程,后续只要基于该 class 使用 A2C 算法即可,该 class 在对抗关系的多智能体中也会复用,读者应熟悉该 class 的实现。不熟悉 A2C 算法的读者可以复习"AC 和 A2C 算法"一章。

13.4　有通信的实现

如前所述,合作关系的多智能体一般有两种通信方式,首先来看有通信的情况。

13.4.1　定义模型

定义好了 A2C 算法的结构以后,本节创建实际要使用的 A2C 算法的模型,代码如下:

```
#第 13 章/初始化算法模型
model_actor = [
    torch.nn.Sequential(
        torch.nn.Linear(6 * env.N * env.N, 64),
        torch.nn.ReLU(),
        torch.nn.Linear(64, 64),
        torch.nn.ReLU(),
        torch.nn.Linear(64, 4),
        torch.nn.Softmax(dim=1),
    ) for _ in range(env.N)
]

model_critic, model_critic_delay = [
    torch.nn.Sequential(
        torch.nn.Linear(6 * env.N * env.N, 64),
        torch.nn.ReLU(),
        torch.nn.Linear(64, 64),
        torch.nn.ReLU(),
        torch.nn.Linear(64, 1),
    ) for _ in range(2)
```

```
]

optimizer_actor = [
    torch.optim.Adam(model_actor[i].parameters(), lr=1e-3)
    for i in range(env.N)
]
optimizer_critic = torch.optim.Adam(model_critic.parameters(), lr=5e-3)

a2c = [
    A2C(model_actor[i], model_critic, model_critic_delay, optimizer_actor[i],
        optimizer_critic) for i in range(env.N)
]

model_actor = None
model_critic = None
model_critic_delay = None
optimizer_actor = None
optimizer_critic = None

a2c
```

由于是有通信的情况，所以每个智能体都可以看到所有智能体的观测数据，也就是前面所讲述过的共享视野，在抢座位这个游戏环境中，每个智能体能观察到的环境数据是 $6 \times N$，其中 N 为智能体数量，因为在每个智能体看来，其他智能体的存在，也是环境的一部分，所以智能体的数量会影响每个智能体能看到的环境数据的复杂度，这就是为什么模型的入参要乘以第 1 个 N 的原因。要乘以第 2 个 N 的原因是因为有通信，所有智能体共享视野，环境数据是 N 个智能体观察到的环境数据的拼合，所以需要乘以第 2 个 N。

这里是有通信的情况，所以无论是"演员"还是"评委"都是同样的入参数量，这意味着无论是训练阶段还是运行阶段，所有智能体都需要共享环境数据，全程都是有通信的。

由于是有通信的合作关系，每个"评委"的入参都是一样的，即都是拼合后的环境数据，"评委"的评价指标也是一样的，因此没有必要每个智能体都训练一个只属于自己的"评委"，完全可以共用一个"评委"，所以在代码中所有智能体共用一个"评委"，但是"演员"还是每个智能体自己独有的。

定义好了 A2C 算法的实体类以后，把各个模型和优化器的指针指向了空，这是为了避免环境中的变量过多而引起的混乱，不是必需的，只是一种习惯。

以上代码的运行结果如下：

```
[<__main__.A2C at 0x7f8951fe8a00>, <__main__.A2C at 0x7f88df748be0>]
```

可以看到这是初始化了两个 A2C 算法的实例，这就是接下来要训练的两个智能体。

13.4.2　修改 play 函数

由于游戏环境现在是多智能体了,所以 play() 函数也需要一定的修改以适应多智能体的环境,代码如下:

```
#第13章/定义 play 函数
from IPython import display
import random


#玩一局游戏并记录数据
def play(show=False):
    state = []
    action = []
    reward = []
    next_state = []
    over = []

    s = env.reset()
    o = False
    while not o:
        a = []
        for i in range(env.N):
            #计算动作
            prob = a2c[i].model_actor(torch.FloatTensor(s).reshape(
                1, -1))[0].tolist()
            a.append(random.choices(range(4), weights=prob, k=1)[0])

        #执行动作
        ns, r, o = env.step(a)

        state.append(s)
        action.append(a)
        reward.append(r)
        next_state.append(ns)
        over.append(o)

        s = ns

        if show:
            display.clear_output(wait=True)
            env.show()

    state = torch.FloatTensor(state)
    action = torch.LongTensor(action).unsqueeze(-1)
    reward = torch.FloatTensor(reward).unsqueeze(-1)
    next_state = torch.FloatTensor(next_state)
```

```
    over = torch.LongTensor(over).reshape(-1, 1)

    return state, action, reward, next_state, over, reward.sum().item()


state, action, reward, next_state, over, reward_sum = play()

reward_sum
```

可以看到由于游戏环境在前面已经包装得比较好了,所以在调用的部分比较简单,用起来和单智能体的环境差别不大,只是每次调用 step() 时要传入 N 个动作,此外每步产生的 state、reward、next state 等数据也都是 N 份,N 等于智能体的数量。唯一不变的是 over 数据,依然是只有一份。

13.4.3 执行训练

完成以上准备工作以后,现在就可以执行训练了,代码如下:

```
#第 13 章/训练有通信的合作关系多智能体
def train():
    #训练 N 局
    for epoch in range(5_0000):
        state, action, reward, next_state, over, _ = play()

        #合并部分字段
        state_c = state.flatten(start_dim=1)
        reward_c = reward.sum(dim=1)
        next_state_c = next_state.flatten(start_dim=1)

        for i in range(env.N):
            value = a2c[i].train_critic(state_c, reward_c, next_state_c, over)
            loss = a2c[i].train_actor(state_c, action[:, i], value)

        if epoch % 2500 == 0:
            test_result = sum([play()[-1] for _ in range(20)]) / 20
            print(epoch, loss, test_result)


train()
```

可以看到有了前面包装的工具函数和工具类,训练的过程和一般的强化学习算法别无二致,只要交替执行 N 个 A2C 算法的训练即可。

需要注意的是由于现在是有通信的情况,所以先会对每个智能体观测到的环境数据进行拼合,再交给每个智能体去训练。

因为是合作关系,每个智能体的利益是一致的,所以直接对回报进行求和,作为每个智能体训练时的回报数据,没有必要在回报上强调差异。

在训练过程中的输出如下：

```
0 -27.129926681518555 -483.3706680297852
2500 -1.9944206476211548 -171.64251594543458
5000 0.2974016070365906 -124.18828353881835
7500 0.22703175246715546 -128.68980560302734
10000 0.6404007077217102 -108.4465202331543
12500 0.001281398581340909 -102.88806457519532
15000 -0.13608776032924652 -82.45703506469727
17500 0.2289573848247528 -94.22195186614991
20000 0.04599471017718315 -94.12368965148926
22500 -0.23084907233715057 -94.51665592193604
25000 -1.0701826810836792 -108.04108600616455
27500 0.0149833550067670345 -107.3333625793457
30000 -0.053469013422727585 -81.96413516998291
32500 0.11448055505752563 -89.71076755523681
35000 -0.01249666669982769966 -90.8791841506958
37500 -0.09561604261398315 -85.39328899383545
40000 -0.11113201081752777 -98.64780101776122
42500 0.01348934043198824 -95.79078578948975
45000 0.0001955045881913975 -80.28663330078125
47500 0.0003153890138491988 -104.6043041229248
```

输出的内容重点关注最后一列数值即可，该列数值是在训练过程中的测试结果。对于抢座位这个游戏来讲，能玩到−150分以内的成绩都是不错的，可以看到本次训练的结果还是比较好的，多智能体很快就学会了彼此合作，取得了不错的结果，说明训练的过程是正确且有效的。

13.5　训练时有通信的实现

13.4节实现了有通信的合作关系多智能体，本节实现只在训练时有通信而在运行时无通信的合作关系多智能体。

由于上面的程序是基于A2C算法实现的，所以只需很小的修改就可以成为训练时有通信的情况。

13.5.1　修改模型

首先需要修改actor模型的入参量，由于现在每个actor不再共享环境数据，所以只需把第2个乘以N去除，代码如下：

```
#第13章/定义actor模型
model_actor = [
    torch.nn.Sequential(
```

```
            torch.nn.Linear(6 * env.N, 64),
            torch.nn.ReLU(),
            torch.nn.Linear(64, 64),
            torch.nn.ReLU(),
            torch.nn.Linear(64, 4),
            torch.nn.Softmax(dim=1),
        ) for _ in range(env.N)
    ]

    model_critic, model_critic_delay = [
        torch.nn.Sequential(
            torch.nn.Linear(6 * env.N * env.N, 64),
            torch.nn.ReLU(),
            torch.nn.Linear(64, 64),
            torch.nn.ReLU(),
            torch.nn.Linear(64, 1),
        ) for _ in range(2)
    ]

    optimizer_actor = [
        torch.optim.Adam(model_actor[i].parameters(), lr=1e-3)
        for i in range(env.N)
    ]
    optimizer_critic = torch.optim.Adam(model_critic.parameters(), lr=5e-3)

    a2c = [
        A2C(model_actor[i], model_critic, model_critic_delay, optimizer_actor[i],
            optimizer_critic) for i in range(env.N)
    ]

    model_actor = None
    model_critic = None
    model_critic_delay = None
    optimizer_actor = None
    optimizer_critic = None

    a2c
```

可以看到现在 actor 模型的入参只有 $6 \times N$ 个,这是一个 actor 模型自己就能观察到的数据量,这意味着 actor 不再共享环境数据,它们需要根据自己观察到的环境数据独立做出决策。

与此对应的是,critic 模型的入参数量不变,由于 critic 模型只在训练阶段使用,在运行阶段不发挥作用,所以 critic 能观察到全局的环境数据不影响运行阶段无通信的要求,而 critic 观察到全局的环境数据能帮助它做出更公正的评价,能够提高训练阶段的效率和稳定性,所以让 critic 模型的入参数量不变。

和有通信的情况一样,没有必要每个智能体都训练一个 critic 模型,共用一个即可。

以上就是模型的修改,主要修改了 actor 模型的入参数量,其他的代码没有修改,读者需要注意代码中加粗部分的代码。

13.5.2　执行训练

完成上面模型入参数量的修改以后,这里就可以定义训练的过程了,其他的工具类都没有修改,训练部分的代码如下:

```
def train():
    #训练 N 局
    for epoch in range(5_0000):
        state, action, reward, next_state, over, _ = play()

        #合并部分字段
        state_c = state.flatten(start_dim=1)
        reward_c = reward.sum(dim=1)
        next_state_c = next_state.flatten(start_dim=1)

        for i in range(env.N):
            value = a2c[i].train_critic(state_c, reward_c, next_state_c, over)
            loss = a2c[i].train_actor(state[:, i], action[:, i], value)

        if epoch % 2500 == 0:
            test_result = sum([play()[-1] for _ in range(20)]) / 20
            print(epoch, loss, test_result)


train()
```

可以看到在训练阶段,每个 actor 只能依据自己观测到的环境数据来进行训练,此外 action、reward 数据也只能使用自己的,这做到了每个 actor 的无通信,这样在运行阶段它们也就不需要通信了。

但是 critic 还是有通信的,这样它能看到全局的状态数据,能做出更准确的评价,帮助训练阶段提高效率,并且保持稳定。

这就是在训练时有通信而在运行时无通信的策略,在训练过程中的输出如下:

```
0 -11.440613746643066 -487.2028579711914
2500 -1.119187593460083 -271.2435604095459
5000 6.826124668121338 -253.62119140625
7500 0.8457289934158325 -203.59983520507814
10000 -1.034010648727417 -185.20421142578124
12500 -3.779625177383423 -122.73852005004883
15000 0.11820918321609497 -90.8776159286499
17500 0.06188208609819412 -96.55424728393555
20000 1.145486831665039 -98.22404899597169
22500 -0.15374360978603363 -91.68431587219239
```

```
25000 -0.2972413897514343 -83.51832923889916
27500 -0.0025706060669639325 -97.23491764068604
30000 -0.031296394765377045 -110.00625648498536
32500 -0.0078110452741384551 -87.30725765228271
35000 0.32335254549980164 -67.55157518386841
37500 -0.10166460275650024 -104.05087776184082
40000 -0.0728297010064125 -82.80452728271484
42500 -0.23787322640419006 -84.73376636505127
45000 -0.6099832653999329 -92.28320369720458
47500 -0.054144881665706635 -84.60027885437012
```

可以看到训练的效果还是比较好的,模型进步的速度很快,成绩也很稳定,这验证了上面的训练过程的有效性。

13.6　小结

本章介绍了强化学习中的多智能体系统,和单智能体的情况不同,多智能体系统更多地关心智能体之间的合作或者对抗,在多智能体系统中,一般可以分为有通信、无通信、训练时有通信3种通信策略。

本章着重介绍了合作关系的多智能体系统,在合作关系中主要应用的是有通信和训练时有通信两种通信策略。

在抢座位这个典型的合作关系游戏环境中,实验性地实现了多智能体系统,并通过训练取得了良好的效果。

为了验证理论的正确性,分别实现了有通信和只在训练时有通信的两种通信策略,并且都取得了不错的成绩,验证了理论的正确性。

第 14 章

对抗关系的多智能体

14.1 对抗关系的多智能体简介

通过第 13 章的学习,相信读者对多智能体系统有了大概的认识,一般在多智能体系统中每个智能体都是基础的强化学习算法的实现,因此在多智能体系统中关注的重点是各个智能体相互之间的协调、合作、对抗。

第 13 章已经学习了合作关系的多智能体,正如第 13 章所述,合作关系的多智能体之间不存在竞争关系,它们一荣俱荣,一损俱损,具有共同的目标,相互帮助比相互竞争要好得多。本章来介绍对抗关系的多智能体,和合作关系不同,在对抗关系的多智能体中,智能体之间往往是零和博弈,不存在合作的空间,即使有,合作的利益也远小于相互竞争的利益。

在合作关系的多智能体中,训练的目标是环境反馈的最大化,所有智能体共同努力,追求集体的利益,然而在对抗关系的多智能体中,不存在这样的共同目标,多智能体之间的目标是相互矛盾的,你好我就好不了,我要好就得你不好,所以在对抗关系的多智能体系统中训练的目标更难定义。

14.2 纳什均衡简介

对于对抗关系的多智能体的训练目标,一般追求纳什均衡,一言以蔽之,纳什均衡是一种各方都没有改变策略的动力的状态。关于纳什均衡,笔者曾见过一个很好的解释,下面向读者转述,以帮助读者有一个感性的认知。

有一种鸟,爱好和平,从不争斗,如果两只这样爱好和平的鸟同时找到同一份食物,它们会分享,每只鸟获得 5 点体力收益。它们的策略如表 14-1 所示。

表 14-1　和平的鸟的行动策略

	和平的鸟 1	和平的鸟 2
1 和 2 一起找到食物	5	5

当这个系统中只有和平的鸟时,每一份食物发挥的功效都是10,无论是被分享还是被独享都没有任何浪费,整个系统的功效达到了最大。

但是事情总是不会很完美,另一种不那么和平的鸟出现了,就叫它凶狠的鸟吧,凶狠的鸟独自找到食物时和和平的鸟一样,也是独享食物,获得10点体力收益。

但是当凶狠的鸟和另一只鸟一起找到食物时,它不会选择分享,而是会选择强占食物,如果另一只鸟是和平的鸟,和平的鸟会选择退让,从而失去这份食物,在这种情况下和平的鸟的收益是0,而凶狠的鸟独占食物,获得10点体力收益。

凶狠的鸟也不总是横行霸道,如果它的运气不好,则可能会遇上另一只凶狠的鸟,对方可不会轻易地退让,此时,一场战斗看起来在所难免了。双方会发生战斗,战斗会让它们各自失去8点体力,最终胜者可以获得食物,减去失去的体力,还可以获得2点体力收益,败者一无所有。

当发生战斗时,考虑到两只鸟一共付出了16点体力的代价,而收益只有10点体力,所以期望是−3点体力。凶狠的鸟的行动策略如表14-2所示。

表14-2　凶狠的鸟的行动策略

行动策略	凶狠的鸟 1	凶狠的鸟 2	和平的鸟 3
1 和 2 一起找到食物	−3	−3	
1 和 3 一起找到食物	10		0
2 和 3 一起找到食物		10	0

此时系统的功效下降了,每一份食物的期望功效达不到10了,由于无意义的斗争造成了资源的浪费,更糟糕的是,看起来和平的鸟的策略太差了,它如果遇到凶狠的鸟,总是失去所有,则此时它很有动力也成为一只凶狠的鸟,如果凶狠的鸟继续增多,则这种浪费还会继续增加。

现在让我们考虑一个问题,最终所有的鸟都会转换为凶狠的鸟吗?很显然,如果所有的鸟都是凶狠的鸟,则此时系统的功效达到最低,每一份食物期望的功效都是−3,看来这种鸟将会为自己的野蛮付出惨痛的代价。

但其实并非所有的鸟都会转换为凶狠的鸟,事实上两种策略的鸟会达成纳什均衡,并且无论初始鸟群中两种鸟的比例如何,最终都会达成纳什均衡。这一点可以通过下面的程序证实,代码如下:

```
#第 14 章/纳什均衡
from matplotlib import pyplot as plt

peace = 100
fierce = 0


def e_peace():
```

```
        return 5 *peace + 0 *fierce


def e_fierce():
    return 10 *peace + -3 *fierce


x = []
y_peace = []
y_fierce = []
for i in range(100):
    if e_peace() > e_fierce():
        peace += 1
        fierce -= 1
    else:
        peace -= 1
        fierce += 1

    x.append(i)
    y_peace.append(peace)
    y_fierce.append(fierce)

plt.figure(figsize=(8, 5))
plt.plot(x, y_peace, y_fierce)
plt.show()
```

在这一段代码中,每次都会计算成为一只凶狠的鸟,或者和平的鸟,各自的期望收益是多少,每只鸟都会选择成为期望收益高的鸟,也就是这些鸟都是自私自利的,它们不考虑其他鸟的收益,只考虑让自己的收益最大化。最终程序的运行结果如图 14-1 所示。

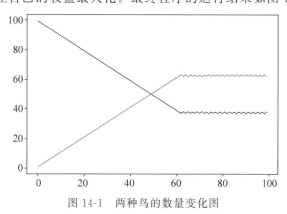

图 14-1 两种鸟的数量变化图

由于初始时都是和平的鸟,此时成为凶狠的鸟大有利益,因此很多鸟选择了成为凶狠的鸟,但很快系统中凶狠的鸟的数量就太多了,此时成为和平的鸟的收益反而更高了,因为和平的鸟能避免战斗,能节省体力。故此当凶狠的鸟在鸟群中的占比达到 60% 时,两种鸟达成了纳什均衡,两种鸟没有改变自己策略的动力,在现有的系统下,它们已经选择了自己利益最大化的策略,或者说,此时选择成为哪种鸟的收益都是一样的,尽管此时整个系统的功效并不是最大化的。

有趣的是,即使初始时系统中全部是凶狠的鸟,最终也会达成纳什均衡,如图 14-2 所示。

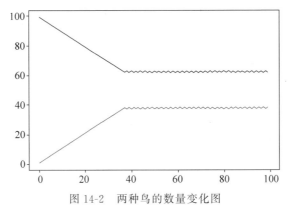

图 14-2　两种鸟的数量变化图

图 14-2 是从 100 只鸟都是凶狠的鸟的情况开始计算的,最终的结果也是一样的,60% 是凶狠的鸟,40% 是和平的鸟。

上面花了很大篇幅介绍了纳什均衡,这是为了告诉读者在对抗关系的多智能体系统中没有明确的训练目标,一般通过观察智能体的策略是否同时停止了演化,此时说明系统达成了纳什均衡,即所有智能体都没有了改变自身策略的动力。

14.3　游戏环境介绍

现在回到对抗关系的多智能体来,首先来认识一下本章要使用的游戏环境,这个游戏环境叫作追逐游戏环境,如图 14-3 所示。

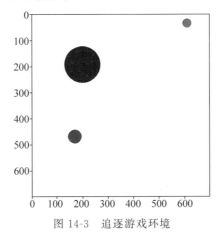

图 14-3　追逐游戏环境

图 14-3 所示的游戏叫作追逐,该游戏环境的特征归纳如下:

(1) 图中最大的圆点是一个障碍物,障碍物不会移动,属于环境信息的一部分。

(2) 图中最小的圆点是"猎物",它的任务是逃跑,不让"猎人"追上。

(3) 图中第二小的圆点是"猎人",它的任务是追上"猎物"。

(4) 如果"猎人"追上"猎物",则"猎人"加分,"猎物"减分。

(5) 为了平衡"猎人"和"猎物"的实力,"猎物"的移动速度会比"猎人"稍快一些。

(6) 为了不让"猎物"跑到无穷远处,"猎物"的得分和环境的中心点的距离有关,离中心点越远,被扣的分越多。

(7) "猎人"和"猎物"的动作空间都是上、下、左、右 4 个动作。

以上就是追逐这个游戏环境的基本信息,可以看出该环境中的两个智能体是相互对抗的关系,彼此的利益是相互矛盾的,这就是本章要求解的对抗关系的多智能体环境。

下面把该游戏环境定义出来,代码如下:

```
#第 14 章/定义游戏环境
import gym


#定义环境
class MyWrapper(gym.Wrapper):

    def __init__(self):
        from pettingzoo.mpe import simple_tag_v3
        env = simple_tag_v3.env(num_good=1,
                                num_adversaries=1,
                                num_obstacles=1,
                                max_cycles=1e8,
                                render_mode='rgb_array')
        super().__init__(env)
        self.env = env
        self.step_n = 0

    def reset(self):
        self.env.reset()
        self.step_n = 0
        return self.state()

    def state(self):
        state = []
        for i in self.env.agents:
            state.append(env.observe(i).tolist())
        state[-1].extend([0.0, 0.0])
        return state

    def step(self, action):
        reward_sum = [0, 0]
```

```
        for i in range(5):
            if i != 0:
                action = [-1, -1]
            next_state, reward, over = self._step(action)
            for j in range(2):
                reward_sum[j] += reward[j]
            self.step_n -= 1

        self.step_n += 1

        return next_state, reward_sum, over

    def _step(self, action):
        for i, _ in enumerate(env.agent_iter(2)):
            self.env.step(action[i] + 1)

        reward = [self.env.rewards[i] for i in self.env.agents]

        _, _, termination, truncation, _ = env.last()
        over = termination or truncation

        #限制最大步数
        self.step_n += 1
        if self.step_n >= 100:
            over = True

        return self.state(), reward, over

    #打印游戏图像
    def show(self):
        from matplotlib import pyplot as plt
        plt.figure(figsize=(3, 3))
        plt.imshow(self.env.render())
        plt.show()


env = MyWrapper()
env.reset()

env.show()
```

和合作关系的多智能体一样,这里也对该游戏环境进行了一定的包装,修改了原环境的部分特性,修改点如下:

(1)定义了环境中有 1 个"猎物",1 个"猎人",1 个障碍物。

(2)对游戏的动作惯性进行了衰减,原版游戏的惯性很大,不利于训练的收敛。

(3)限制每局游戏最多玩 100 步。

和合作关系的多智能体一样,虽然这里定义的是多智能体的环境,但是使用起来和普通的游戏环境没有太大区别,只是产生的数据都是双份,分别是"猎物"和"猎人"的数据。

14.4　无通信的实现

和在合作关系中的多智能体一样,对抗关系的多智能体也分为多种通信策略,不过由于在对抗关系中多个智能体的优化目标是相互矛盾的,一般不会使用有通信的策略,很显然,和对手分享环境数据不是一个有意义的行为,所以在对抗关系的多智能体中,一般只会使用无通信策略和训练时有通信策略。

首先来看比较简单的无通信策略,之前讲过,多智能体环境中重要的是协调各个智能体之间的相互协作关系,然而当完全放弃智能体之间的通信时,每个智能体就变成了单独的强化学习算法,每个智能体都把其他智能体的存在当成环境中状态数据的一部分,自己根据自己看到的环境状态数据做出自己的决策即可。下面开始着手实现无通信的对抗关系多智能体系统。

14.4.1　定义模型

上面已经定义好了游戏环境,这里需要定义出算法和模型,算法还是使用了 A2C 算法的包装类,该类的代码在合作关系的多智能体中已经给出过,故此不再重复贴出。定义神经网络模型的代码如下:

```
#第14章/定义算法模型
model_actor =[
    torch.nn.Sequential(
        torch.nn.Linear(10, 64),
        torch.nn.ReLU(),
        torch.nn.Linear(64, 64),
        torch.nn.ReLU(),
        torch.nn.Linear(64, 4),
        torch.nn.Softmax(dim=1),
    ) for _ in range(2)
]

model_critic =[
    torch.nn.Sequential(
        torch.nn.Linear(10, 64),
        torch.nn.ReLU(),
        torch.nn.Linear(64, 64),
        torch.nn.ReLU(),
        torch.nn.Linear(64, 1),
    ) for _ in range(2)
]

model_critic_delay =[
```

```
        torch.nn.Sequential(
            torch.nn.Linear(10, 64),
            torch.nn.ReLU(),
            torch.nn.Linear(64, 64),
            torch.nn.ReLU(),
            torch.nn.Linear(64, 1),
        ) for _ in range(2)
    ]

    optimizer_actor = [
        torch.optim.Adam(model_actor[i].parameters(), lr=1e-3) for i in range(2)
    ]

    optimizer_critic = [
        torch.optim.Adam(model_critic[i].parameters(), lr=5e-3) for i in range(2)
    ]

    a2c = [
        A2C(model_actor[i], model_critic[i], model_critic_delay[i],
            optimizer_actor[i], optimizer_critic[i]) for i in range(2)
    ]

    model_actor = None
    model_critic = None
    model_critic_delay = None
    optimizer_actor = None
    optimizer_critic = None

    a2c
```

可以看到无论是"演员",还是"评委",入参数量都是 10 个,无论"猎物"还是"猎人"能从环境中观察到的状态数据都是这个数量,智能体之间不存在数据交换,也就不存在通信。

在创建 A2C 算法时可以看到每个智能体都有自己的"演员"和"评委",没有任何共用的部分,每个智能体都是完全独立的,也就是采用了无通信的策略。

这段代码的运行结果如下:

```
[<__main__.A2C at 0x7f979661eca0>, <__main__.A2C at 0x7f97965b5880>]
```

14.4.2 执行训练

定义好了算法模型以后,现在就可以开始执行训练了,play()函数和合作关系的多智能体中的基本相同,训练的代码如下:

```
def train():
    #训练 N 局
    for epoch in range(5_0000):
```

```
            state, action, reward, next_state, over, _ = play()

            for i in range(2):
                value = a2c[i].train_critic(state[:, i], reward[:, i],
                                            next_state[:, i], over)
                loss = a2c[i].train_actor(state[:, i], action[:, i],value)

            if epoch % 2500 == 0:
                test_result = [play()[-1] for _ in range(20)]
                test_result = torch.FloatTensor(test_result).mean(dim=0).tolist()
                print(epoch, loss, test_result)


train()
```

可以看到每个智能体只使用自己产生的数据进行训练，完全不依赖于其他智能体产生的数据，智能体之间完全不进行通信，每个智能体是完全独立的，在对抗关系的多智能体系统中，这样做是合理的。

在训练过程中的输出如下：

```
0 -2.52531099319458 [6.0, -1572.4345703125]
2500 -2.2057106494903564 [133.5, -160.2089385986328]
5000 -0.4346385896205902 [68.5, -88.4798355102539]
7500 -0.7878077626228333 [36.0, -57.25299072265625]
10000 -0.4243254065513611 [20.0, -28.127361297607422]
12500 -0.10560104995965958 [19.5, -21.97000503540039]
15000 -0.20183932781219482 [15.5, -17.28420639038086]
17500 -0.09082813560962677 [8.0, -17.061660766601562]
20000 0.04816720634698868 [12.5, -17.330961227416992]
22500 -0.03879740089178085 [8.0, -12.067501068115234]
25000 -0.19893258810043335 [19.0, -19.506542205810547]
27500 -0.038775209337472916 [14.0, -17.891183853149414]
30000 0.018680671229958534 [16.5, -18.37790298461914]
32500 -0.044296279549598694 [1.5, -9.976574897766113]
35000 -0.007319218944758177 [11.5, -14.802574157714844]
37500 0.001401672256179154 [5.0, -9.788602828979492]
40000 -0.32673946022987366 [12.5, -14.883753776550293]
42500 -0.012928042560815811 [8.5, -8.822985649108887]
45000 0.08175945281982422 [10.5, -13.748283386230469]
47500 -0.04752933979034424 [13.0, -21.088510513305664]
```

由于是对抗关系的多智能体系统，所以没有一个明确的训练目标，一般看每个智能体所得到的分数是否已经稳定，如果长时间稳定了，则说明智能体已经没有改变策略的动力，可以认为达到了纳什均衡。

以上面的输出来讲，只看最后两列数据，可以看到环境中的两个智能体的得分已经基本稳定，可以认为训练已经收敛。

由于本书是印刷品，不方便给出动画演示训练好的智能体在环境中相互追逐的过程，读者可以在获得本书的代码后自行训练，最后在测试时可以看到训练好的智能体的表现。

14.5 训练时有通信的实现

上面介绍了无通信的对抗关系多智能体系统，如前所述，有通信是不适用的，但是可以使用训练时有通信，而运行时无通信策略。当采用训练时有通信时，"演员"的输入和输出如图 14-4 所示。

图 14-4 训练时有通信的"演员"的输入和输出

虽然在训练时有通信，但"演员"之间依然是无通信的，每个"演员"只依据自己能看到的状态数据做出决策。

训练时有通信，指的是"评委"之间是有通信的，如图 14-5 所示。

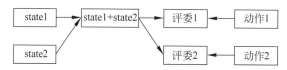

图 14-5 训练时有通信的"评委"的输入和输出

在训练时有通信的策略中，每个评委可以得到的环境状态数据是所有演员看到的环境状态数据的拼合，所以评委能获得更全面的环境状态数据，从而做出更全面的评分。

在合作关系的多智能体系统中，由于每个智能体的训练目标相同，所以对每个智能体的评价指标往往也是一样的，所以可以让所有智能体共用一个"评委"，但是在对抗关系的多智能体系统中各个智能体的训练目标是不同的，甚至是矛盾的，所以对每个智能体的评价指标也是不同的，不能共用"评委"，每个智能体需要只属于自己的"评委"，所以需要训练多个"评委"。

相比完全无通信的策略，训练时有通信能帮助各个"评委"做出更全面的评价，从而帮助每个智能体向更准确的方向进步，提高训练的效率和稳定性，并且由于每个"演员"是无通信地做出决策的，在训练完成后可以转换为无通信的运行模式，不会影响在复杂环境中的应用能力。

14.5.1 定义模型

既然训练时有通信的策略有这么多的好处，那么这里就把该策略的代码实现出来。要把通信策略从无通信修改为训练时有通信，首先把神经网络模型的入参数量修改一下，代码如下：

```
#第14章/定义模型
model_actor = [
    torch.nn.Sequential(
        torch.nn.Linear(10, 64),
        torch.nn.ReLU(),
        torch.nn.Linear(64, 64),
        torch.nn.ReLU(),
        torch.nn.Linear(64, 4),
        torch.nn.Softmax(dim=1),
    ) for _ in range(2)
]

model_critic = [
    torch.nn.Sequential(
        torch.nn.Linear(20, 64),
        torch.nn.ReLU(),
        torch.nn.Linear(64, 64),
        torch.nn.ReLU(),
        torch.nn.Linear(64, 1),
    ) for _ in range(2)
]

model_critic_delay = [
    torch.nn.Sequential(
        torch.nn.Linear(20, 64),
        torch.nn.ReLU(),
        torch.nn.Linear(64, 64),
        torch.nn.ReLU(),
        torch.nn.Linear(64, 1),
    ) for _ in range(2)
]

optimizer_actor = [
    torch.optim.Adam(model_actor[i].parameters(), lr=1e-3) for i in range(2)
]

optimizer_critic = [
    torch.optim.Adam(model_critic[i].parameters(), lr=5e-3) for i in range(2)
]

a2c = [
    A2C(model_actor[i], model_critic[i],model_critic_delay[i],
        optimizer_actor[i], optimizer_critic[i]) for i in range(2)
]

model_actor = None
model_critic = None
model_critic_delay = None
optimizer_actor = None
```

```
optimizer_critic = None

a2c
```

这段代码从无通信的代码修改而来,可以看到"演员"模型的入参数量是不变的,因为单纯就"演员"模型来讲,依然是无通信的,"评委"模型的入参数量从 10 修改为 20,这是因为"评委"模型现在是共享环境状态数据的,每个智能体能获得的环境状态数据拼合之后一共是 20 个,所以"评委"模型的入参数量需要修改为原始数量的两倍。

最后如前所述,在对抗关系的多智能体系统中不能共用"评委",每个智能体需要保有自己的"评委",每个智能体都要训练属于自己的"评委"。

运行这段代码的输出如下:

```
[<__main__.A2C at 0x7f8abff8e9d0>, <__main__.A2C at 0x7f8abff265b0>]
```

可以看到是定义了两个 A2C 算法模型,接下来的工作就是训练这两个算法模型。

14.5.2 执行训练

完成了模型结构的修改之后,接下来定义训练的过程,代码如下:

```
#第 14 章/训练
def train():
    #训练 N 局
    for epoch in range(5_0000):
        state, action, reward, next_state, over, _ = play()

        #合并部分字段
        state_c = state.flatten(start_dim=1)
        next_state_c = next_state.flatten(start_dim=1)

        for i in range(2):
            value = a2c[i].train_critic(state_c, reward[:, i], next_state_c,
                                        over)
            loss = a2c[i].train_actor(state[:, i], action[:, i], value)

        if epoch % 2500 == 0:
            test_result = [play()[-1] for _ in range(20)]
            test_result = torch.FloatTensor(test_result).mean(dim=0).tolist()
            print(epoch, loss, test_result)


train()
```

可以看到在训练过程中,"评委"的训练使用的是拼合后的环境状态数据,让"评委"看到更全面的环境状态数据能帮助它给出更准确的评分,从而提高训练的效率和稳定性。

完成以上修改通信的策略就已经从无通信修改为训练时有通信,在训练过程中的输出如下：

```
0 -1.4495474100112915 [1.5, -678.4044189453125]
2500 -0.3488815426826477 [215.0, -230.8831787109375]
5000 -0.4887382388114929 [109.0, -120.56380462646484]
7500 -0.9196931719779968 [62.5, -70.44122314453125]
10000 -0.17468784749507904 [28.0, -46.351417541503906]
12500 0.04246482998132706 [16.5, -30.41681480407715]
15000 -0.06894251704216003 [30.5, -43.18037414550781]
17500 -0.12670961022377014 [10.5, -14.714288711547852]
20000 0.0034601313527673483 [20.5, -22.514062881469727]
22500 0.07575763016939163 [9.0, -11.618470191955566]
25000 -0.047059591859579086 [6.0, -9.934822082519531]
27500 -0.06758452951908112 [10.5, -11.698257446289062]
30000 0.06456369161605835 [12.0, -14.611892700195312]
32500 -0.35115692019462585 [10.0, -11.417187690734863]
35000 0.08109088242053986 [6.5, -8.675280570983887]
37500 -0.12685692310333252 [3.5, -12.425094604492188]
40000 0.004275428131222725 [11.0, -11.277917861938477]
42500 -0.018033353611826897 [4.0, -14.036775588989258]
45000 -0.051232386380434036 [7.0, -14.584927558898926]
47500 0.014684038236737251 [8.5, -9.005228042602539]
```

可以看到训练到后期阶段，两个智能体的收益几乎不再变化，可以认为已经达到了纳什均衡。读者可以自行训练，获得训练好的智能体并打印动画，查看两个智能体相互博弈的过程。

14.6　小结

本章介绍了对抗关系的多智能体系统，在对抗关系中主要应用的通信策略为无通信策略和训练时有通信策略，一般不应用有通信策略。

和合作关系的多智能体不同，在对抗关系的多智能体系统中，多个智能体没有统一的目标，因而也没有明确的训练目标，判断训练的收敛一般通过观察各个智能体之间是否达成了纳什均衡，即各个智能体均失去改进策略的动力，各个智能体都已经采取了目前所能找到的最优策略，任何策略的改变都只能导致损失。

无通信的多智能体是实现起来最简单的，因为不需要考虑各个智能体之间信息的交换，每个智能体都只是把其他智能体的存在当成环境的一部分，每个智能体都只需考虑自己要做的动作。在无通信的情况下可以认为是训练了多个独立的强化学习智能体。

训练时有通信是在训练阶段让"评委"能看到拼合后的环境状态数据，从而做出更全面的评分，这能帮助智能体提高训练的效率，并且保持稳定，在训练完成后可以转换为无通信的运行模式，因而在运行时的应用能力和无通信是一样的。

扩展算法篇

第 15 章

CQL 算法

15.1 离线学习简介

本章来学习 CQL(Conservative Q Learning,保守 Q 学习)算法,CQL 是一种离线学习算法,区别于同策略算法和异策略算法。下面回顾一下同策略算法和异策略算法的区别,同策略算法的学习过程如图 15-1 所示。

图 15-1 同策略算法的学习过程

在同策略算法中,机器人和环境直接交互,产生的数据直接用于机器人的学习,数据几乎是一次性的,学习一次就被丢弃,数据的利用率不高,需要频繁地和环境交互,以产生数据。

异策略算法的学习过程如图 15-2 所示。

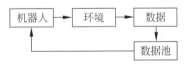

图 15-2 异策略算法的学习过程

在异策略算法中,机器人和环境交互产生的数据会被保存到数据池中,每次学习时从数据池中抽样一批数据,每条数据都有可能被抽样到多次,所以数据的利用率高,只要数据池足够丰富,就可以降低和环境的交互次数。

本章要介绍的离线学习算法的学习过程如图 15-3 所示。

图 15-3 离线学习算法的学习过程

在离线学习算法中,机器人只是从一个数据池中学习,全程完全不和环境交互,可以认为数据池是不变的,因此数据池需要有一定的丰富度,数据量不能太小,否则学习的难度会很大。

本书之前的章节也介绍过最基本的离线学习算法,也就是模仿学习一章,模仿学习虽然也可以说是一种离线学习算法,但是还是太过于简单,学习的效果并不算太好,本章将介绍的 CQL 算法是更高级的离线学习算法,可以得到比模仿学习更好的学习效果。

所谓离线学习,也就是从一个比较丰富的数据池中学习一个智能体,因此对数据池的丰富度是有要求的,数据池的质量会很大程度上影响学习出的智能体的性能,相比模仿学习,CQL 算法对数据的质量更不敏感,允许存在一些质量不好的数据,但是总体质量还是不能太差。

15.2 离线学习中 Q 值过高估计的问题

离线学习算法比较容易出现 Q 值过高估计的问题,尤其是针对不存在于数据集中的状态,下面说明为什么容易出现这样的情况。

当计算一个数据集中的数据的 Q 值时,计算过程如式(15-1)所示。

$$value = Q(s_t, a_t) \tag{15-1}$$

而根据时序差分的思想,该 Q 值的蒙特卡洛估计如式(15-2)所示。

$$target = reward + gamma \cdot Q(s_{t+1}, a_{t+1}) \tag{15-2}$$

根据时序差分的思想,式(15-1)和式(15-2)计算的 value 和 target 的值应该相等,如果有误差,则应该以 target 修正 value。

注意式(15-1)和式(15-2)中都包括了 Q 函数,随着修正不断地进行,Q 函数会逐渐出现过高估计的问题,过去的各个章节一直是这样做的,过高估计的问题也一直存在,各个算法也提出了很多缓解过高估计的方法。

在同策略算法和异策略算法中,过高估计还不算特别严重,因为数据在不断地更新,如果过高估计了,则会反映在 reward 上,因为过高估计的 Q 值,可能会让机器人选择错误的动作,从而造成很低的 reward,这样在某种程度上就修正了过高估计的 Q 值,该过程如图 15-4 所示。

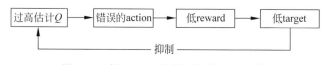

图 15-4 低 reward 抑制过高估计的 Q 值

但是在离线学习算法中,过高估计的 Q 值会是个很严重的问题,由于数据不更新了,这意味着修改后的策略不会再反映在 reward 上,当机器人做出策略上的调整后,它没有办法知道调整后的策略是更好了还是更不好了。这个恶性循环如图 15-5 所示。

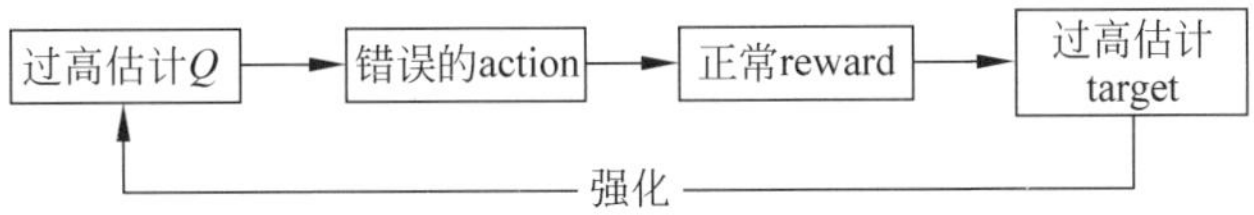

过高估计Q → 错误的action → 正常reward → 过高估计target

——强化——

图 15-5　低 reward 抑制过高估计的 Q 值

在离线学习的情况下,由于无法从环境中获取新的 reward,所以会导致过高估计的 Q 不但不会被抑制,反而被不断强化,很快 Q 的过高估计就会导致整个算法失败。

综上所述,要应用离线学习算法,必须解决 Q 值的过高估计问题,观察式(15-1)和式(15-2)会发现在计算 value 时使用的是数据集中的状态和动作,由于是离线学习算法,数据集不更新,所以计算 value 时可以得到的状态和动作是一个确定的集合,不会变化,而在计算 target 时,下一个时刻的状态也来自数据集,但是下一个时刻的动作往往不是来自数据集,而是使用动作模型现场计算的,因此就很容易产生不存在于数据集中的状态和动作的组合。对于这种新出现的组合数据,更容易出现过高估计,进而导致整体 Q 值的高估,因此,要抑制 Q 值的过高估计,最好的办法就是抑制新的动作的 Q 值,而这正是 CQL 算法要做的。

15.3　CQL 算法是如何抑制 Q 值的

CQL 算法提出了要抑制新的动作的 Q 值,防止 Q 值的过高估计,在离线学习算法中,由于数据集不更新,在更新动作策略后,无法从环境中获取反馈,无法知道新的动作是产生了好的影响还是不好的影响,而过高估计的 Q 值总是倾向于乐观估计新的动作,从而导致新的动作的 Q 值估计越来越高。

针对以上问题,CQL 提出的解决办法如图 15-6 所示。

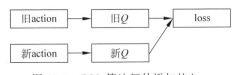

图 15-6　CQL 算法额外添加的 loss

如前所述,在 Q 值的过高估计上,无论是旧的动作还是新的动作都会出现,但是新的动作更加容易出现 Q 值的过高估计,并且在计算 target 时几乎使用的是新的动作,因此新的动作的过高估计是更加严重的问题,既然新的动作更容易出现过高估计问题,就让新的动作的 Q 值减去旧的动作的 Q 值,求得的差作为 loss 的一部分来优化好了。正是基于这种思想,就得出了 CQL 算法。该思想可以简单地总结为式(15-3)。

$$\text{loss}_{\text{cql}} = Q(s, a_{\text{new}}) - Q(s, a_{\text{old}}) \tag{15-3}$$

下面使用 SAC 算法进行离线学习的训练,验证一下上面的理论是否可以正确地工作,当没有应用式(15-3)的 Q 值抑制时,在 SAC 算法的训练过程中 Q 值的估计情况如图 15-7 所示。

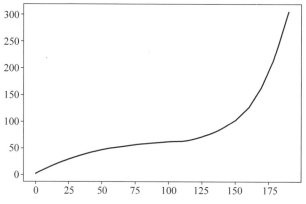

图 15-7   SAC 算法进行离线学习的训练，Q 值的估计情况

从图 15-7 可以看出，随着训练的进行，Q 值增长得很快，这种盲目的乐观很快就会导致整个训练过程失败，因为无论模型做出何种动作，可以得到的 Q 值期望都是极高的，这意味着无论模型做出何种动作都是一个好的动作，这显然是不正确的。

下面把式(15-3)所示的 Q 值抑制的方法加入 SAC 算法中，此时 SAC 算法进化为 CQL 算法，在 CQL 算法的训练过程中 Q 值的估计情况如图 15-8 所示。

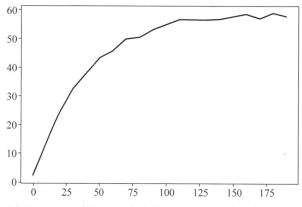

图 15-8   CQL 算法进行离线学习的训练，Q 值的估计情况

从图 15-8 可以看出，Q 值依然存在过高估计的情况，但 Q 值的增长被极大地抑制了，Q 值甚至出现了收敛的情况，而这对于离线学习算法来讲是非常重要的，如果没有这样的抑制，则离线学习算法很难成功。

15.4   实现 CQL 算法

上面的理论看起来没有什么问题，接下来开始着手实现 CQL 算法的代码，来实际地执行训练，通过实验验证理论的正确性。本章使用的游戏环境依然是倒立摆游戏环境，如图 9-2 所示。

15.4.1 数据集介绍

CQL算法是一个离线学习算法,故而需要有一份数据集供它学习,下面是本章所使用的数据集,如表15-1所示。

表 15-1 离线学习数据集

state1	state2	state3	action	reward	next state1	next state2	next state3	over
0.9019	0.4320	0.8704	−1.5736	0.9651	0.8817	0.4719	0.8943	0.0000
0.8817	0.4719	0.8943	−1.3109	0.9593	0.8583	0.5131	0.9482	0.0000
0.8583	0.5131	0.9482	−0.1785	0.9525	0.8238	0.5669	1.2795	0.0000
0.8238	0.5669	1.2795	−0.5693	0.9340	0.7779	0.6284	1.5339	0.0000
0.7779	0.6284	1.5339	−0.6116	0.9127	0.7175	0.6965	1.8217	0.0000
0.7175	0.6965	1.8217	0.8715	0.8839	0.6209	0.7839	2.6056	0.0000
0.6209	0.7839	2.6056	1.4356	0.8132	0.4753	0.8798	3.4935	0.0000
0.4753	0.8798	3.4935	0.8269	0.7025	0.2717	0.9624	4.4014	0.0000
...								

从表15-1可以看出,每行都有9个数值,各个数值的解释如下:

(1)前3个数值为状态数据。

(2)第4个数值为动作数据。

(3)第5个数值为回报数据。

(4)第6~8个数值为下一个时刻的状态数据。

(5)最后一个数值表明游戏是否已经结束。

这些数据在过去的各个章节中已经反复应用,相信读者已经了然于胸,这是一份典型的强化学习算法在训练过程中收集到的数据,这份数据集共有2万行。

对于CQL算法来讲,数据集的质量不要求太高,但也不能太差,在可能的情况下尽量提供更好的数据集,能帮助它快速地进行训练。本章所使用的数据集是一个玩得比较好的机器人收集到的数据。

15.4.2 封装数据集

有了数据集以后可以在代码中加载该数据集,方便后续进行遍历,代码如下:

```
#第15章/读取数据集
import torch


#封装数据集
class Dataset(torch.utils.data.Dataset):

    def __init__(self):
        import numpy as np
```

```
           data = np.loadtxt('离线学习数据.txt')
           self.state = torch.FloatTensor(data[:, :3]).reshape(-1, 3)
           self.action = torch.FloatTensor(data[:, 3]).reshape(-1, 1)
           self.reward = torch.FloatTensor(data[:, 4]).reshape(-1, 1)
           self.next_state = torch.FloatTensor(data[:, 5:8]).reshape(-1, 3)
           self.over = torch.LongTensor(data[:, 8]).reshape(-1, 1)

       def __len__(self):
           return len(self.state)

       def __getitem__(self, i):
           return self.state[i], self.action[i], self.reward[i], self.next_state[
               i], self.over[i]


dataset = Dataset()

len(dataset), dataset[0]
```

运行结果如下：

```
(20000,
(tensor([0.9019, 0.4320, 0.8704]),
  tensor([-1.5736]),
  tensor([0.9651]),
  tensor([0.8817, 0.4719, 0.8943]),
  tensor([0]))))
```

可以看到数据集共有 2 万行，每条数据中包括了典型的 state、action、reward、next state、over，共 5 个字段。

定义好了数据集以后需要定义 loader，用于对数据集进行遍历。

```
#第 15 章/数据加载器
loader = torch.utils.data.DataLoader(dataset=dataset,
                                     batch_size=64,
                                     shuffle=True,
                                     drop_last=True)

len(loader)
```

运行结果如下：

```
312
```

由于 batch size 设置得比较大，所以数据的批次量不大，总共只有 312 个批次。

15.4.3　定义算法模型

前面介绍过,CQL算法是在一般的强化学习算法中加入了额外的loss,本章选择以SAC算法作为基础算法,SAC算法在本书的前面章节已经详细介绍过,如果读者不熟悉SAC算法,则可回到本书"SAC算法"章节复习。

完整的SAC算法的代码比较多,考虑到节省版本,这里不贴出全部内容,只给出关键的部分,代码如下:

```python
#第15章/定义SAC算法
def get_loss_cql(self, state, next_state, value):
    return 0

def train_value(self, state, action, reward, next_state, over):
    self.requires_grad(self.model_value, True)
    self.requires_grad(self.model_action, False)

    #计算target
    with torch.no_grad():
        #计算动作和熵
        next_action, entropy = self.get_action_entropy(next_state)

        #评估next_state的价值
        input = torch.cat([next_state, next_action], dim=1)
        target = self.model_value_next(input)

    #加权熵,熵越大越好
    target = target + 5e-3 * entropy
    target = target * 0.99 * (1 - over) + reward

    #计算value
    value = self.model_value(torch.cat([state, action], dim=1))

    loss = torch.nn.functional.mse_loss(value, target)
    loss += self.get_loss_cql(state, next_state, value)

    loss.backward()
    self.optimizer_value.step()
    self.optimizer_value.zero_grad()
    self.soft_update(self.model_value, self.model_value_next)

    return loss.item()
```

可以看到在SAC算法中定义了一个函数:get_loss_cql()函数,该函数总是返回常量0,在训练value模型时会把该函数的返回结果加入loss,很显然,在CQL算法的实现中要重写该函数的实现。

当该函数返回常量0时,该代码定义的算法就是简化版的SAC算法。如果直接使用

SAC 算法执行离线学习的训练,则会出现很严重的 Q 值过高估计的问题,Q 值的增长曲线如图 15-7 所示。

故而定义 CQL 算法,代码如下:

```python
#第 15 章/定义 CQL 算法
import torch
from sac import SAC


#定义 CQL 算法
class CQL(SAC):

    def get_loss_cql(self, state, next_state, value):
        #把 state 和 next_state 复制 5 遍
        state = state.unsqueeze(dim=1).repeat(1, 5, 1).reshape(-1, 3)
        next_state = next_state.unsqueeze(1).repeat(1, 5, 1).reshape(-1, 3)

        #计算动作和熵
        rand_action = torch.empty([len(state), 1]).uniform_(-1, 1)
        curr_action, _ = self.get_action_entropy(state)
        next_action, _ = self.get_action_entropy(next_state)

        #计算 3 份动作各自的 value
        value_rand = self.model_value(torch.cat([state, rand_action], dim=1))
        value_curr = self.model_value(torch.cat([state, curr_action], dim=1))
        value_next = self.model_value(torch.cat([state, next_action], dim=1))

        #拼合 3 份 value
        value_cat = torch.cat([value_rand, value_curr, value_next], dim=1)
        loss_cat = value_cat.exp().sum(dim=1) + 1e-8
        loss_cat = loss_cat.log().mean()

        #在 value loss 上增加上这一部分
        return 5.0 * (loss_cat - value.mean())


cql = CQL()

cql
```

可以看到 CQL 算法继承自 SAC 算法,CQL 算法相比 SAC 算法唯一的修改是重写了 get_loss_cql()函数,从 SAC 算法的实现中已经看到,该函数的返回结果会作为 value 模型 loss 的一部分。

在 get_loss_cql()函数中要做的事情正如式(15-3)所描述的,要求新动作的 Q 值和旧动作的 Q 值的差,并作为 value 模型的 loss 的一部分返回,以抑制 Q 值的过高估计。该函数完成的具体工作如下:

(1) 状态数据和下一个时刻的状态数据分别复制 5 次,以产生更多、更丰富的动作数据。

（2）计算 3 份动作，分别是完全随机生成的动作、根据状态计算出的动作、根据下一个时刻的状态计算出的动作。

（3）分别计算 3 份动作和状态数据组合的 Q 值。

（4）上面的动作都可以被认为是新的动作产生的 Q 值，以这些动作的 Q 值减去旧的动作产生的 Q 值，并返回作为 value 模型的 loss 的一部分。

经过上面 get_loss_cql() 函数的重写，算法就成功地从 SAC 算法进化成了 CQL 算法，现在可以在离线学习中抑制 Q 值的过高估计了，理论上应该能取得更好的成果。

15.4.4 执行训练

接下来就可以执行训练了，代码如下：

```
def train():
    for epoch in range(200):
        for i, (state, action, reward, next_state, over) in enumerate(loader):
            cql.train_value(state, action, reward, next_state, over)
            cql.train_action(state)

        if epoch % 10 == 0:
            test_result = sum([play()[-1] for _ in range(20)]) / 20
            value = cql.model_value(torch.cat([state, action],
                                               dim=1)).mean().item()
            print(epoch, value, test_result)


train()
```

可以看到 CQL 算法的训练过程和 SAC 算法并没有什么不同，从 loader 中获取数据后，交替地执行 value 模型和 action 模型的训练即可，在训练过程中的输出如下：

```
0 2.21518611907959 9.759054348477896
10 14.770238876342773 57.34436458273679
20 22.05959129333496 35.228655545379
30 28.099075317382812 89.85440499866809
40 36.08259582519531 114.27782861153207
50 44.10224151611328 157.9843883786122
60 46.83131790161133 171.13544799880918
70 50.894508361816406 181.79026115481287
80 53.198081970214844 176.78876272448744
90 54.12747573852539 183.08075296407867
100 55.96063995361328 179.21220952184632
110 58.04907989501953 184.37389171490022
120 58.42814254760742 177.3067626818911
130 58.266326904296875 182.22527272364547
140 60.356361389160156 173.62140559932726
```

```
150 58.26789093017578 183.66146342147925
160 60.373321533203125 173.5510082565807
170 59.34394836425781 178.38124251421726
180 59.59429931640625 178.6704264063767
190 60.33028030395508 174.081362401392
```

在输出数据中有两列数据值得关注,最后一列数据是在训练过程中的测试成绩,该测试成绩是越高越好,可以看到在倒立摆游戏环境中机器人很快就能取得 170 分的好成绩,该成绩还是很优秀的,读者可以自行打印游戏的动画,可以看到机器人会玩这个游戏,即使整个训练中它并没有真正玩过任何一局游戏,仅仅是通过离线数据的学习就已经能取得这样的成绩,可以说是十分优秀的。

输出数据中的第 2 列数据是在训练过程中计算的 Q 值,可以看到 Q 值有收敛的迹象,最后稳定在 58 左右,虽然依然存在过高估计的情况,但 Q 值的增长是比较缓慢的,这论证了本章开头的理论是成立的。

15.5 小结

本章向读者介绍了 CQL 算法,以及为什么需要 CQL 算法。CQL 算法是一种离线学习算法,在离线学习中 Q 值的过高估计会比同策略算法和异策略算法更加棘手,CQL 提出了抑制新的动作的 Q 值,从而缓解 Q 值的过高估计的问题。

本章的 CQL 算法基于简化版的 SAC 算法实现,SAC 算法中负责计算 Q 值的是 value 模型,因此 CQL 算法计算出的 loss 增加在 value 模型的 loss 中即可。

要产生新的动作有很多种方法,一般可以使用动作模型现算动作,或者使用下一个时刻的状态数据作为依据计算动作,甚至直接使用随机数作为动作都是可以的。总之要让 value 模型知道,不是没见过的动作都是好的,要对新的动作持有保守的估计。

第 16 章

MPC 算法

16.1 MPC 算法简介

本章来学习 MPC(Model Predictive Control,模型预测控制)算法,和本书中介绍的大多数强化学习算法不同,MPC 算法可能是最独特的强化学习算法,其他的强化学习算法都是在学习一种策略,或者学习 Q 函数,本质上都是在寻找一个好的机器人。通过该机器人和环境交互,追求最高的回报。

然而 MPC 算法不同的地方就在于,它不训练一个机器人,而是直接学习环境本身。可以说 MPC 是完全从另一个角度来看待强化学习问题的,既然是要寻求环境中的最高期望,为什么不直接学习环境本身呢? 如果能完全理解游戏环境,则要寻求环境中的最优解岂不是易如反掌?

正是基于这样的设想,MPC 算法提出了自己的解决思路。大体来讲,MPC 算法解决问题的思路如图 16-1 所示。

图 16-1　MPC 算法的思路

MPC 算法的思路大致可以归纳如下:

(1) 从真环境中学习一个假环境,假环境和真环境越接近越好,最好就是完全一样。

(2) 有了假环境以后,从假环境中寻找每种状态的最优动作。

(3) 寻找到的动作到真环境中去执行,由于该动作在假环境下是最优动作,它很大概率在真环境下也可以得到很好的成绩。

以上就是 MPC 算法的思路,可以发现在整个系统中不存在一个机器人,也不存在动作策略,该算法就是非常简单的环境模拟,训练的难度取决于真环境的复杂度。

知道了 MPC 算法的思路以后,可以发现在 MPC 算法中主要的问题有两个:

(1) 如何从一个真环境中学习一个假环境。

(2) 有了假环境以后如何找到一种状态下的最优动作。

下面将依次讨论这两个问题的解决办法。

16.1.1 假环境学习

首先来看第 1 个问题是如何解决的,假环境的训练过程大致如图 16-2 所示。

图 16-2　假环境的训练过程

使用随机的动作和真环境、假环境同时互动会产生真、假两份数据,求两份数据之间的误差并记为 loss 即可。这样通过不断地进行优化,最终就可以得到一个和真环境非常相似的假环境。假环境总是能做出和真环境差不多的反馈,后续就可以从该假环境搜索到最优动作。

16.1.2 最优动作搜索

接下来看第 2 个问题如何解决,即有了假环境以后如何找到一种状态下的最优动作,该问题的解决办法如图 16-3 所示。

图 16-3　从假环境中搜索最优动作

图 16-3 的思路归纳如下:

(1) 对于连续动作的环境来讲,动作一般使用正态分布链来模拟,正态分布链指的是每步的动作的正态分布,链的长度表明要考虑的动作的深度,即要考虑当前状态后多少个步骤的动作,一般来讲考虑得越深,动作搜索的准确度越高,但是计算量也会更大。

(2) 有了正态分布链以后会从该链采样 N 条动作链。

(3) N 条动作链都在假环境中执行,求出每条动作链的回报和。

(4) 求出回报和最高的动作链,该动作链即为目前搜索到的最优动作链。一般为了稳定性考虑会取前 M 名的动作链。

(5) 虽然上面已经找出了最优动作链,但由于初始的正态分布链的假设可能不正确,所以还不能直接使用该动作链,而是要以找到的最优动作链的均值和标准差来修正最初的正态分布链,让正态分布链的均值和标准差更接近最优动作链。

(6) 重复上述步骤,不断地找到最优动作链,再不断地修正正态分布链,每轮找到的最优动作链的性能应该越来越高。

(7) 重复 T 轮上述步骤以后,正态分布链的参数应该逐渐收敛了,返回正态分布链中第 1 步的均值作为搜索到的最优动作即可。

以上就是从一个训练好的假环境中搜索最优动作的方法。可以看到这种搜索算法能搜索到的动作的质量主要取决于假环境和真环境的差距有多大,以及搜索的力度有多大。

16.2　实现 MPC 算法

上面介绍了 MPC 算法的基本思路,现在开始着手实现 MPC 算法的代码,本章使用的游戏环境还是倒立摆游戏环境,如图 9-2 所示。

16.2.1　定义假环境

根据 MPC 算法的思路,需要模拟该游戏环境,下面定义假环境,代码如下:

```python
#第 16 章/定义假环境
import torch


class FakeEnv(torch.nn.Module):

    def __init__(self):
        super().__init__()
        self.s = torch.nn.Sequential(
            torch.nn.Linear(4, 64),
            torch.nn.ReLU(),
            torch.nn.Linear(64, 64),
            torch.nn.ReLU(),
            torch.nn.Linear(64, 64),
            torch.nn.ReLU(),
        )

        self.next_state = torch.nn.Linear(64, 3)
        self.reward = torch.nn.Sequential(
            torch.nn.Linear(64, 1),
            torch.nn.Tanh(),
        )

    def forward(self, state, action):
        state = self.s(torch.cat([state, action], dim=1))
        return self.next_state(state) + state[:, :3], self.reward(state)


fake_env = FakeEnv()

fake_env(torch.randn(5, 3), torch.randn(5, 1))
```

可以看到假环境使用了神经网络模型去拟合真环境,假环境计算的入参是状态和动作,计算的输出是下一个时刻的状态和回报值,这和真环境的输入、输出如出一辙,后续只要不断地优化该假环境,让它计算输出的数值和真环境不断接近即可模拟真环境,只要假环境训练得足够好，就能从该环境中搜索到最优动作。

16.2.2　定义动作函数

接下来需要定义一个获取动作的函数，代码如下：

```
#第 16 章/获取动作的函数
import random


#环境学习阶段使用随机动作即可
def get_action(state):
    return random.normalvariate(mu=0, sigma=1)


get_action(None)
```

可以看到在假环境的训练阶段，动作函数返回随机的动作即可。因为现在假环境还没有训练好，所以无法搜索到动作，暂时只能使用随机生成的动作，在假环境训练完成以后，就可以从假环境中搜索到动作了，所以在假环境训练完成以后会重写动作函数。

接下来需要修改一下 play() 函数，让 play() 函数使用上面定义好的获取动作的函数，代码如下：

```
#第 16 章/修改 play 函数
from IPython import display


#玩一局游戏并记录数据
def play(show=False):
    data = []
    reward_sum = 0

    state = env.reset()
    over = False
    while not over:
        action = get_action(state)

        next_state, reward, over = env.step(action)

        data.append((state, action, reward, next_state, over))
        reward_sum += reward

        state = next_state

        if show:
            display.clear_output(wait=True)
```

```
              env.show()

      return data, reward_sum


play()[-1]
```

这段代码读者重点关注加粗的部分即可,以前动作是由 play() 函数直接负责计算的,现在交由动作函数计算即可。

此外,值得注意的是 play() 依然是和真环境交互的,这里不涉及任何假环境的应用,假环境在整个系统中仅应用于搜索到动作。

16.2.3 训练假环境

完成以上修改以后,现在就可以直接训练假环境了,代码如下:

```
#第16章/训练假环境
def train(epochs, test_epoch):
    fake_env.train()
    optimizer = torch.optim.Adam(fake_env.parameters(), lr=1e-3)
    loss_fn = torch.nn.MSELoss()

    #共更新 N 轮数据
    for epoch in range(epochs):
        pool.update()

        #每次更新数据后训练 N 次
        for i in range(200):

            #采样 N 条数据
            state, action, reward, next_state, over = pool.sample()

            #模型计算
            p_next_state, p_reward = fake_env(state, action)

            loss_next_state = loss_fn(p_next_state, next_state)
            loss_reward = loss_fn(p_reward, reward)
            (loss_next_state + loss_reward).backward()
            optimizer.step()
            optimizer.zero_grad()

        if epoch % test_epoch == 0:
            print(epoch, len(pool), loss_next_state.item(), loss_reward.item(),
                  play()[-1])


#环境学习阶段
train(200, 20)
```

可以看到每次采样获得一批真数据后,由假环境计算得到一批假数据,最后求真与假数据之间的误差记为 loss,主要包括两部分误差,分别是回报和下一个时刻的状态。在训练过程中输出如下:

```
0 400 0.002726170001551509 0.0034544081427156925 10.500285682848135
20 4400 0.0005868636653758585 0.00016088939446490258 75.48046000174062
40 8400 0.00025014541461132467 0.00010767048661364242 40.06568712378257
60 12400 0.0006259015644900501 0.00010308342461939901 65.8760412209607
80 16400 9.059047442860901e-05 5.647194120683707e-05 92.80258071329621
100 20000 0.00010283117444487289 8.087384048849344e-05 31.64233141467606
120 20000 0.0002828323340509087 6.70949521008879e-05 45.58520385601917
140 20000 0.00020551285706460476 5.288568354444578e-05 82.84478483553508
160 20000 0.0002938929828815162 0.00010266354365739971 65.76003958624305
180 20000 7.851848931750283e-05 4.320243533584289e-05 56.1610114488039
```

上面的输出读者应重点关注中间两列数据,这是两部分数据的 loss,可以看到两份 loss 都在不断下降,可见假环境计算出的数据和真环境产生的真实数据越来越接近。

16.2.4　重写动作函数

经过上面的计算,可以认为假环境和真环境已经十分接近了,可以从假环境中执行模拟搜索,得到最优动作。完成这项工作需要重写动作函数,代码如下:

```python
#第16章/使用虚拟环境获取最优动作
def get_action(state):
    #初始化 N 步动作的分布
    mu = torch.zeros(1, 15)
    sigma = torch.ones(1, 15)

    state = torch.FloatTensor(state).reshape(1, -1).repeat(50, 1)
    state_clone = state.clone()

    #反复优化 N 次动作的分布
    for _ in range(5):
        #根据 N 步动作的分布抽样生成 N 份动作链
        action = mu + torch.randn(50, 15) * sigma
        reward_sum = torch.zeros(50, 1)
        state = state_clone

        #按顺序执行 N 步动作,计算 Q
        for i in range(15):
            state, reward = fake_env(state, action[:, i].unsqueeze(dim=1))
            reward_sum += reward * 0.95 ** i

        #求分数最高的 N 份动作链
        sort = reward_sum.flatten().sort(descending=True).indices
        action = action[sort][:10]
```

```
              #修正动作链的分布
              mu = 0.5 * mu + 0.5 * action.mean(dim=0, keepdim=True)
              sigma = 0.5 * sigma + 0.5 * action.std(dim=0, keepdim=True)

          #返回最优动作
          return mu[0, 0].item()


  get_action(torch.randn(1, 3))
```

该搜索过程如图 16-3 所示,通过不断地优化一个正态分布链,最终找到最优的动作。

16.2.5　动作学习

在修改了动作函数以后,因为动作上的偏差,一般会对假环境再进行一些训练,这一般被称为动作学习,这里直接调用前面定义好的训练函数即可,代码如下:

```
#第 16章/动作学习阶段
train(10, 1)
```

在训练过程中的输出如下:

```
0 20000 4.735264883493073e-05 6.272528116824105e-05 184.5788197796783
1 20000 0.0001188941314467229 4.5524706365540624e-05 183.58295882971538
2 20000 0.00011217351857339963 2.686530933715403e-05 168.53254854354407
3 20000 5.298547330312431e-05 4.754511974169873e-05 184.28078113247653
4 20000 7.20681346138008e-05 2.5564015231793746e-05 152.4564468631718
5 20000 0.0002979194978252053 0.00015095982234925032 168.47206662447832
6 20000 0.00015631772112101316 0.0002335681492695585 183.68430699254807
7 20000 0.00020789820700883865 3.983889109804295e-05 183.3188395321095
8 20000 7.334992551477626e-05 4.645865556085482e-05 159.81474878790993
9 20000 4.5181670429883525e-05 2.8182716050650924e-05 169.60035595148403
```

可以看到进步并不显著,这可能是由于本章所使用的环境太过于简单了,并且在现有的动作策略下,成绩已经非常高了,难以再提高了。读者可以注意输出数据的最后一列,这一列是在训练过程中的测试成绩,可以看到每次测试都可以得到 150 分以上的好成绩,这足以证明上面的训练过程是正确且成功的。

16.3　小结

本章学习了 MPC 算法,MPC 算法十分特别,它不是学习一个动作策略,而是直接学习一个假环境,然后从该假环境中搜索到最优动作。

MPC 算法的性能很大程度上取决于环境的复杂度。相比其他强化学习算法,MPC 算法对环境复杂度的变化更加敏感。

第 17 章

HER 目标导向

17.1 HER 算法概述

本章来学习 HER(Hindsight Experience Replay,事后观察经验回放)算法,HER 算法通常被应用于目标导向的强化学习算法,严格来讲 HER 不算是一种单独的强化学习算法,而是一种数据采样的技巧。HER 算法主要解决了强化学习算法中的稀疏反馈的问题。

17.1.1 稀疏反馈的游戏环境

为了理解什么是稀疏反馈,下面以一个简单明了的游戏环境来举例说明,笔者将这类游戏环境称为寻找目标点游戏环境。该类游戏环境大致如图 17-1 所示。

图 17-1　寻找目标点游戏环境

在此类游戏环境中,有一个机器人,它能做出的动作一般是上、下、左、右移动;此外还有一个目标点,目标点一般不会移动,游戏的目标是控制机器人移动到目标点位置。

这个游戏环境看起来十分简单,有点像前面章节中介绍过的冰湖游戏环境,冰湖游戏环境如图 1-4 所示。

如果是在冰湖这个游戏环境中,则反馈的稀疏性将不是个很大的问题,因为游戏的地图很小,即使机器人做随机的布朗运动,也总有"瞎猫碰到死耗子"的时候。届时,机器人将获得关于环境的正反馈,从而知道当前的策略是好的。这个良性循环如图 17-2 所示。

图 17-2　在反馈不稀疏的环境中的优化过程

算法模型只是输出随机的动作,在一个反馈不极端稀疏的游戏环境中,总有一些动作可以得到正反馈,从而让算法模型意识到某些动作是好的,而另一些动作是坏的,从而帮助算法模型向着正确的方向优化动作策略。

但是事情总是不会很完美,冰湖这个游戏环境的地图还是太小了,更多的任务是在一个巨大的地图中,寻找一个很难找到的目标点,这导致了绝大多数的随机布朗运动几乎不太可能找到目标点,机器人无法从环境中获得关于当前策略的衡量,极端情况下,机器人将永无止境地、永远地随机地做布朗运动。这个恶性循环如图 17-3 所示。

图 17-3　在反馈稀疏的环境中的优化过程

在一个反馈极端稀疏的环境中绝大多数动作的反馈是一样的,当所有的动作的反馈都一样时算法模型无法认识到自己当前的动作策略是好的还是坏的,因为无论如何调整动作策略,反馈都是一样的,这样算法模型就无法得到一个正确的优化方向,从而陷入迷茫。

17.1.2　放置假目标点

既然在某些游戏环境中存在反馈极端稀疏这样的问题,那么应该如何避免这个问题呢?或者说如何打破图 17-3 所示的恶性循环呢?

HER 算法提出了可以在环境中放置一个假目标点,以此来帮助机器人获得反馈,如图 17-4 所示。

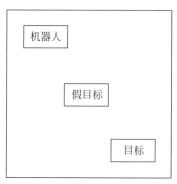

图 17-4　在游戏环境中放置假目标

相比真目标点,假目标点往往离机器人当前的位置要更近,被机器人找到的概率更大,这样的假目标点可以不止一个,当环境中不只有真目标点,同时还存在很多假目标点时,机器人找到某个目标点的概率就提高了,从而缓解了反馈极端稀疏的问题。

以上思路看起来很好,现在的问题是如何放置假目标点呢? 在 HER 算法中一般会把机器人到达过的某个位置定义为假目标点。

根据布朗运动的规律,机器人走到当前位置的附近的概率是最高的,越是遥远的地方,被走到的概率越低,这是显而易见的,如图 17-5 所示。

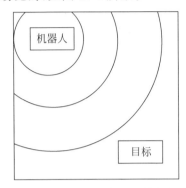

图 17-5　机器人走到各个区域的概率

在随机布朗运动的情况下,机器人走到各个位置的概率是一圈圈的等高线,越近的区域被走到的概率越高,越远的区域被走到的概率越低。

正是这样的原因导致了反馈的稀疏性,如果目标点离得很远,则机器人通过随机布朗运动到达目标点的概率将会非常低,低到接近于 0,导致机器人几乎永远无法到达目标点,从而陷入迷茫。

因此,HER 提出了在机器人曾经到达过的地方随机放置假目标点,这样就能鼓励机器人向远方走去,如图 17-6 所示。

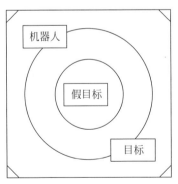

图 17-6　放置假目标点后机器人走到各个区域的概率

当放置假目标点后,机器人可能走到的各个区域的概率发生了改变,相比最开始的随机布朗运动,机器人的活动范围更大了,也就有更大的可能性接近真正的目标点,从而缓解游戏环境中反馈极端稀疏的问题。

从上面的叙述中也许读者会提出一些疑问,随机地放置假目标点,可能会被放置到更远离真实目标点的位置上吗？

这是完全有可能的，但一些错误的假目标点并不是太大的问题，重要的是让算法模型动起来，即使是向错误的方向优化也好过不优化。这就像面对一个困难的问题，勇敢动手去做总好过纸上谈兵。从错误中总结经验教训，能帮助机器人更好地找到正确的优化目标点，正所谓"失败乃成功之母"，让算法模型动起来，比让它一直迷茫要好得多。

17.2 HER算法实现

通过上述的讲述，相信读者已经大致理解了 HER 算法工作的原理，下面将对 HER 算法进行实践，以验证以上理论是否正确。

17.2.1 游戏环境介绍

这里使用的游戏环境的名字叫作寻找目标点游戏环境，该游戏环境如图 17-7 所示。

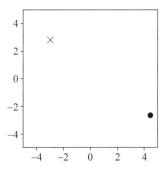

图 17-7 寻找目标点游戏环境

图 17-7 所示的寻找目标点游戏环境的特征概述如下：

（1）圆点为机器人，×符号为目标点，游戏的目标是控制机器人走到目标点位置。

（2）每局游戏开始时，机器人和目标点的位置是随机初始化的，它们可能出现在游戏地图的任何一个点上。

（3）游戏地图是一个二维的平面空间，x 轴和 y 轴的范围都是 $-5 \sim 5$ 的实数。

（4）游戏的状态数据使用 4 个数值描述，分别是机器人的 x 轴、y 轴坐标和目标点的 x 轴、y 轴坐标。由于在一局游戏中目标点是不会移动的，所以在一局游戏中状态的后两个值是不会改变的，只有前两个值会改变。

（5）游戏环境接受的动作是两个值域在 $-1 \sim 1$ 的值，分别代表机器人 x 轴和 y 轴的偏移量。

（6）当机器人和目标点之间的距离小于 0.1 时判定为找到目标点，得到 1 的反馈，否则得到 -1 的反馈。

（7）一局游戏最多玩 50 步，所以一局游戏的最高分是 1 分，最低分是 -50 分。

以上就是寻找目标点这个游戏环境的简要概述，可以看到这个游戏环境还是十分简单的,在这个游戏环境中执行一步动作的过程如图 17-8 所示。

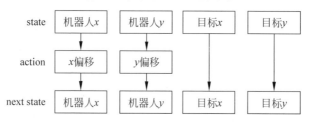

图 17-8 在寻找目标点游戏环境中执行一步动作的过程

在寻找目标点这个游戏环境中,状态数据使用 4 个值描述,分别是机器人和目标点的坐标数据,而动作则表示机器人坐标的偏移量,执行动作的过程就是简单地让机器人的坐标和动作相加即可。

从上面的讲述可以看出,由于动作的值域是 $-1 \sim 1$ 的小数,这也就让机器人的运动有了速度的概念,且判定到达目标点的条件是机器人和目标点的距离小于 0.1,这导致机器人的速度控制是比较困难的。如果速度太慢,则将无法在 50 个时间步内到达目标点,如果速度太快,则很容易错过目标点,并导致在目标点周围反复震荡。

因此,可以说寻找目标点这个游戏环境的反馈是比较稀疏的,因为机器人碰巧撞到目标点的概率很低,所以机器人很难从该游戏环境中获得关于当前动作策略的反馈,而这正是 HER 算法要解决的问题。

上面所述的寻找目标点游戏环境看起来十分简单,这里就先实现该游戏环境的代码,后面可以应用该游戏环境执行训练,代码如下:

```
#第 17 章/定义寻找目标点游戏环境
import random
import numpy as np


#定义环境
class MyWrapper:

    def reset(self):
        #前两个数是起点,后两个数是终点
        self.state = np.random.uniform(size=4, low=-5, high=5)
        self.step_n = 0
        return self.state.tolist()

    def step(self, action):
        action = np.array(action).reshape(2)

        #裁剪动作范围
        action = action.clip(min=-1, max=1)

        #执行动作
```

```
            self.state[:2] += action

            #规范状态空间
            self.state[:2] = self.state[:2].clip(min=-5, max=5)

            #求距离终点的距离
            dist = np.linalg.norm(self.state[:2] - self.state[2:], ord=2)

            #判断到达终点
            reward = -1.0
            over = False
            if dist < 0.1:
                reward = 1.0
                over = True

            #限制最大步数
            self.step_n += 1
            if self.step_n >= 50:
                over = True

            return self.state.tolist(), reward, over

    def show(self):
        from matplotlib import pyplot as plt
        plt.figure(figsize=(3, 3))
        plt.xlim(-5, 5)
        plt.ylim(-5, 5)

        plt.plot(*self.state[:2], 'o')
        plt.plot(*self.state[2:], 'x')

        plt.show()


env = MyWrapper()

env.reset()


env.show()
```

可以看到这个游戏环境并没有使用 Gym 工具包定义，而是完全自行手动定义，由于该游戏环境比较简单，所以即使直接手动定义，也不会有很大的工作量。

17.2.2　定义算法模型

HER 算法严格来讲是一种数据采样的技巧，它并不算是一个独立的强化学习算法，所以 HER 算法需要某个能支持数据池的算法作为基础。本书介绍过一些支持数据池的异策略算法,主要有 DQN、DDPG、TD3 等算法,这里选择 DDPG 算法作为训练的基础算法。DDPG 算法的工作原理在本书前面的章节中已经介绍过,这里不再重复介绍,这里只是应用该算法执行训练,代码如下:

```
#第 17 章/定义算法模型
from ddpg import DDPG
import torch

#定义算法模型
ddpg = DDPG()

ddpg
```

可以看到这里只是引入了定义好的 DDPG 算法,至于 DDPG 算法的实现过程不是本章的重点,所以不再展开。在这个 DDPG 算法的包装类中实现了如下几个函数。

(1) soft_update():增量式更新两个延迟模型的参数。

(2) train_action():训练 action 模型。

(3) train_value():训练 value 模型。

这些函数基本见名知意,如果不能理解 DDPG 算法的工作过程,则可复习本书 DDPG 算法一章。

17.2.3 定义数据池

有了游戏环境和算法模型之后,现在就可以调用算法模型玩游戏了,得到游戏的数据,和本书前面的章节一样,这里写一个 play()函数以帮助收集数据,代码如下:

```
#第 17 章/定义 play 函数
from IPython import display
import random


#玩一局游戏并记录数据
def play(show=False):
    data = []
    reward_sum = 0

    state = env.reset()
    over = False
    while not over:
        action = ddpg.model_action(torch.FloatTensor(state).reshape(
            1, 4)).reshape(2)

        #给动作添加噪声,增加探索
        action += torch.randn(2) * 0.1
```

```
        action = action.tolist()

        next_state, reward, over = env.step(action)

        data.append((state, action, reward, next_state, over))
        reward_sum += reward

        state = next_state

        if show:
            display.clear_output(wait=True)
            env.show()

    return data, reward_sum


play()[-1]
```

结合本书前面各个章节的学习,相信读者对这个函数已经滚瓜烂熟了,主要留意一下代码中加粗的部分即可。

前面讲过 HER 算法是一种数据采样的技巧,这里就来实现 HER 算法的核心部分,即数据池的实现,代码如下:

```
#第 17 章/定义数据池
class Pool:

    def __init__(self):
        self.pool = []

    def __len__(self):
        return sum(len(i) for i in self.pool)

    def __getitem__(self, i):
        return self.pool[i]

    #更新动作池
    def update(self):
        #每次更新不少于 N 条新数据
        old_len = len(self)
        while len(self) - old_len < 200:
            self.pool.append(play()[0])

        #只保留最新的 N 条数据
        while len(self) > 2_0000:
            self.pool = self.pool[1:]

    #获取一批数据样本
    def sample(self):
```

```
        data = []
        for _ in range(64):
            #随机一局游戏
            data_game = random.choice(self.pool)

            #随机取游戏中的一步数据
            step = random.randint(0, len(data_game) - 1)
            data_step = data_game[step]

            #随机替换为伪终点数据
            if step < len(data_game) - 1 and random.random() < 0.8:
                data_step = get_fake_goal_data(data_game, step)

            data.append(data_step)

        state = torch.FloatTensor([i[0] for i in data]).reshape(-1, 4)
        action = torch.FloatTensor([i[1] for i in data]).reshape(-1, 2)
        reward = torch.FloatTensor([i[2] for i in data]).reshape(-1, 1)
        next_state = torch.FloatTensor([i[3] for i in data]).reshape(-1, 4)
        over = torch.LongTensor([i[4] for i in data]).reshape(-1, 1)

        return state, action, reward, next_state, over


pool = Pool()
pool.update()
pool.sample()

len(pool), pool[0][0]
```

在这段代码中值得关注的点比较多,归纳修改点如下:

(1) 首先可以注意到的是现在数据池会把收集到的每局数据分开,而不再是"大锅烩"般地堆在一起了。

(2) 在采样数据时会先随机采样一局游戏,再从这一局游戏中随机取一步数据。

(3) 得到一步数据后,有概率替换这一步数据的目标点为一个伪目标点,这也就是前面讲过的放置伪目标点的过程,这件工作由 get_fake_goal_data() 函数完成。

以上就是数据池的修改,可以发现,重点是其中的放置伪目标点的功能,下面来看完成该功能的 get_fake_goal_data() 函数的实现过程,代码如下:

```
#第 17 章/从一局游戏中取一条伪终点的数据
def get_fake_goal_data(data_game, step):
    #取出 step 的数据
    state, action, reward, next_state, over = data_game[step]

    #随机 step 后面的某一步数据
    step = random.randint(step + 1, len(data_game) - 1)
```

```
fake_goal_state = data_game[step][0]

#以伪终点构建新的 state
state[2:] = fake_goal_state[:2]
next_state[2:] = fake_goal_state[:2]

#求距离终点的距离
dist = [next_state[0] - next_state[2], next_state[1] - next_state[3]]
dist = np.linalg.norm(dist, ord=2)

#重新计算 reward 和 over
reward = -1.0
over = False
if dist < 0.1:
    reward = 1.0
    over = True

#返回作为伪终点数据
return state, action, reward, next_state, over


get_fake_goal_data(play()[0], 0)
```

从以上代码可以看出,放置伪目标点的步骤大致如下:

(1) 从一局游戏中随机取一步的数据,作为修改的依据。

(2) 取这一步后面的某一步数据,作为伪目标点数据。

(3) 以伪目标点中机器人的坐标作为目标点的坐标修改数据,这意味着机器人走到这个它曾经去过的地方会得到一个和走到目标点一样的反馈,也就是走到了一个伪目标点。

以上就是设置伪目标点的过程,这个函数就是 HER 算法中最重要的修改点。

17.2.4　执行训练

完成以上准备工作以后,现在就可以正常地执行 DDPG 算法的训练过程了,严格来讲,由于数据池的采样方法修改了,所以现在算法已经升级为 HER 算法,训练的代码如下:

```
#第 17 章/执行训练
def train():
    #共更新 N 轮数据
    for epoch in range(1000):
        pool.update()

        #每次更新数据后训练 N 次
        for i in range(200):

            #采样 N 条数据
```

```
                state, action, reward, next_state, over = pool.sample()

                #训练模型
                ddpg.train_action(state)
                ddpg.train_value(state, action, reward, next_state, over)
                ddpg.soft_update()

            if epoch % 100 == 0:
                test_result = sum([play()[-1] for _ in range(20)]) / 20
                print(epoch, len(pool), test_result)


train()
```

可以看到整个训练的过程和 DDPG 算法是完全一样的,所有的修改在数据池的修改中已经完成了,所以训练的代码不需要再修改。在训练过程中的输出如下:

```
0 400 -50.0
100 19973 -50.0
200 19969 -4.2
300 19980 -3.75
400 19997 -5.6
500 20000 -5.6
600 19997 -4.9
700 19997 -6.2
800 19994 -4.95
900 19992 -5.35
```

输出的数据重点只需关注最后一列数值,这一列数值是在训练过程中测试的成绩,这个数值是越大越好。可以看到算法收敛的速度是很快的,这验证了训练过程的有效性,机器人很快就可以取得−5 左右的好成绩,这意味着平均每局机器人只需走 5 步就能抵达目标点,可见机器人不仅有非常明确的目标,甚至速度的控制也是极佳的,否则它无法在如此少的步数内抵达目标点。

可能有些读者会提出疑问,这样的好成绩真的是 HER 算法带来的吗? 也许 DDPG 算法本来就可以得到这样好的训练成绩? 为了验证 HER 算法的必要性,这里仅使用 DDPG 算法来训练,查看可以得到的成绩,输出如下:

```
0 400 -50.0
100 19955 -50.0
200 19952 -50.0
300 19956 -50.0
400 20000 -47.5
500 19963 -50.0
600 20000 -50.0
700 19959 -50.0
```

```
800 20000 -50.0
900 19951 -50.0
```

可以看到训练的成绩并不好,机器人缺乏优化的方向,成绩在很长一段时间内是止步不前的,这正是由本章开头部分描述的稀疏反馈导致的。虽然反馈是稀疏的,但总还是有"瞎猫碰上死耗子"的时候,只要坚持训练,DDPG算法还是能够收敛的,只是速度相比 HER 算法要慢得多,这验证了 HER 算法的必要性。

17.3 小结

本章向读者介绍了 HER 算法,HER 算法是一种数据采样的技巧,它通过在数据集中随机地放置伪造的目标点数据,来帮助机器人得到更多的关于环境的反馈,从而缓解环境的奖励稀疏的问题,最终帮助机器人更好地进行训练。

虽然本章介绍的是一个寻找目标点的游戏环境,但其实大多数强化学习任务可以抽象为一个寻找目标点的任务,例如倒立摆可以把指针竖起来的状态定义为目标点,平衡车可以把杆竖直的状态定义为目标点等,所以读者应该理解,不仅是平面移动这类任务能应用 HER 算法,对于大多数强化学习任务来讲,只要是能应用数据池的强化学习任务都可以应用 HER 算法。

框 架 篇

第 18 章

SB3 强化学习框架

18.1 SB3 简介

欢迎读者来到本书的最后一章,也恭喜读者完成了本书前面各个章节的学习,现在读者应该已经对强化学习中的各个算法的设计思路已经有了大致的了解,并且理解了各个算法实现的过程,在本章笔者将为各位读者介绍一个比较简单易用的强化学习框架:SB3 (Stable Baselines 3),官方仓库地址为 https://github.com/DLR-RM/stable-baselines3。SB3 是一个在快速更新的项目,社区也非常活跃,在强化学习的框架中是最成熟的框架之一。

正如 Scikit-Learn 之于机器学习,SB3 正是强化学习中的 Scikit-Learn。SB3 是一个简单、快速、易上手的强化学习框架,即使是对强化学习技术一无所知的门外汉也可以快速地应用强化学习算法,它的使用方法正如机器学习中的 Scikit-Learn 一样,简单地调用一些封装好的工具类即可完成复杂的强化学习算法的应用。

既然 SB3 如此强大又易用,现在就开始试着使用它。我们的学习从安装 SB3 的运行环境开始,本书附带的代码在以下环境中测试通过,读者务必安装和本书一致的运行环境,避免无意义的环境调试,运行环境如表 18-1 所示。

表 18-1 运行环境信息

软　　件	版　　本
Python	3.10
PyTorch	1.13.1(CPU)
stable-baselines3[extra]	2.3.2
Gym	0.26.2
sb3_contrib	2.3.0

上面的软件包中的 Python 和 PyTorch 的版本号并不是非常敏感,即使使用不同的版本应该也是可以运行的,但是 SB3、SB3 Contrib 和 Gym 的版本号是敏感的,读者务必和本书的版本保持一致。

特别值得注意的是,安装 SB3 和 SB3 Contrib 会自动安装 Gym,即使你已经安装了

Gym，它也会覆盖安装 Gym，所以安装了 SB3 和 SB3 Contrib 后需要手动检查 Gym 的版本是否正确，如果不正确，则需要重新安装对应版本的 Gym，这一点读者务必注意。

SB3 支持的算法列表如表 18-2 所示。

表 18-2　SB3 支持的算法

算法	Box	Discrete	MultiDiscrete	MultiBinary	MultiProcessing
A2C	√	√	√	√	√
DDPG	√				√
DQN		√			√
HER	√	√			√
PPO	√	√	√	√	√
SAC	√				√
TD3	√				√

表 18-2 在 SB3 的官方网站也可以查询到。

18.2　快速上手

安装好了 SB3 的运行环境之后就可以开始 SB3 快速上手的学习了，由于 SB3 包的封装程度很高，所以可以使用很少的代码就可以调用 SB3 执行强化学习的训练。

这里就可以调用 SB3 包定义强化学习算法了，代码如下：

```
#第 18 章/定义强化学习算法
from stable_baselines3 import PPO

#verbose: (int) Verbosity level 0: not output 1: info 2: debug
model = PPO('MlpPolicy', 'CartPole-v1', verbose=0)

model
```

从上面的代码中可以看到，这里使用的是 PPO 算法，参数中的 'MlpPolicy' 表明神经网络的结构是多层线性神经网络，也就是和本书前面各个章节中介绍的一样。

代码中还定义了要使用的游戏环境，这里依然使用前面各个章节反复使用的平衡车游戏环境。

由于本书不是一本专门针对 SB3 框架进行详解的书籍，所以不会对 SB3 中的所有细节进行讲解，只会讲解主要的参数和用法，本章只是为了帮助读者快速入门 SB3 框架的使用方法，具体 SB3 框架中每个算法包的详细参数设置，读者可自行参考 SB3 的官方文档，例如此处用到的 PPO 算法的使用方法可参见 https://stable-baselines3. readthedocs. io/en/master/modules/ppo. html。

定义好了算法以后可以先不急着训练，不如先测试一下训练前的算法的性能，以便和训练后的测试性能进行比较，以便看出训练的过程是否有效。执行测试的代码如下：

```
#第 18 章/测试
from stable_baselines3.common.evaluation import evaluate_policy

#测试,前一个数是 reward_sum_mean,后一个数是 reward_sum_std
evaluate_policy(model, model.get_env(), n_eval_episodes=20)
```

可以看到在 SB3 框架中测试一个算法的性能是很方便的,直接调用 SB3 封装好的工具函数即可,可以在调用参数中指定要测试的局数,以上面的代码中的例子来讲,测试了 20 局游戏的成绩,最终成绩取平均数。以上代码的运行结果如下:

```
(38.25, 8.624818838677134)
```

可以看到测试的结果是两个数值,这两个数值分别是成绩的均值和标准差,很显然,对性能的衡量重点看前一个数值的大小,这个数值越大越好。后一个数值衡量了算法表现的稳定性,后一个数值越小,则算法的表现越稳定。

经过了上面的测试,对算法的性能就有了大致的估计,现在就可以执行训练了,代码如下:

```
#第 18 章/训练
model.learn(total_timesteps=2_0000, progress_bar=True)
```

可以看到在 SB3 框架中执行强化学习算法的训练是非常容易的,直接调用算法的 learn() 函数就可以了,在参数中传递要训练的步数即可。

训练消耗的时间取决于计算机的性能,一般来讲对于这样的一个迷你型的任务很快就可以完成了。训练完成以后再次执行测试,以检查训练后的模型是否有进步,测试的代码如下:

```
#第 18 章/测试训练后的模型
evaluate_policy(model, model.get_env(), n_eval_episodes=20)
```

可以看到还是调用前面用过的测试函数,运行结果如下:

```
(490.8, 23.24779559442142)
```

可以看到算法的性能获得了明显的提升,20 局游戏的平均成绩从 38 分提升到了 490 分,这足以证明训练的过程是有效的。

以上就是最简单、最基础的一个 SB3 框架的快速使用过程。接下来会逐渐展开 SB3 框架的一些值得关注的细节,以便更好地使用 SB3 框架。

18.3　模型的保存和加载

在快速上手部分已经训练了一个算法模型,但是该算法模型保存在内存中,如果要把模型保存在磁盘上,则该如何操作呢? 这一节就来看 SB3 模型的保存和加载是如何操作的。

首先来训练一个算法模型,然后把该模型保存到磁盘上,最后从磁盘上加载该模型,代码如下:

```
#第18章/保存、加载算法模型
from stable_baselines3 import PPO
from stable_baselines3.common.evaluation import evaluate_policy
import gym

#训练一个模型
model = PPO('MlpPolicy', 'CartPole-v1', verbose=0)
model.learn(8000, progress_bar=True)

#保存模型
model.save('models/save')

#加载模型
model = PPO.load('models/save')

#如果要继续训练,则需要重新给它一个env,因为env在保存模型时是无法保存下来的
#model.set_env(gym.make('CartPole-v1'))

evaluate_policy(model, gym.make('CartPole-v1'), n_eval_episodes=20)
```

可以看到在 SB3 框架中要保存一个算法模型非常容易,简单地在算法模型上调用 save( ) 函数就可以把算法模型保存到某个磁盘路径,要加载时调用算法类的 load( )函数即可。

以上演示的是算法模型的保存、加载过程。如果加载后的算法只用于运行,不再训练,上面的操作就已经足够了,但是有时加载后的模型可能还要继续训练,这时就需要给算法模型设置一个游戏环境,因为保存算法模型的时候是不会把它的游戏环境也给一起保存下来的,所以加载后的算法模型是没有游戏环境的,如果还要继续训练,就需要再给它设置一个游戏环境,设置的方法在上面代码的注释中演示了,设置了游戏环境后的算法就可以继续训练了,可以再次调用 learn( )函数。

以上代码的运行结果如下:

```
(328.0, 117.07817900872904)
```

可以看到训练过程显然是有效的,算法的性能显著地上升了,并且经过磁盘的存取后,算法的性能没有下降,可见模型的保存和加载都是正确无误的。

18.4 多环境并行训练

SB3 支持使用多个环境来并行地执行训练,这样可以提高训练的效率,有时和环境的交互是很费时的,使用多个环境并行训练可以有效地缩短等待环境响应的时间。

使用多个环境并行训练的代码如下:

```
#第 18 章/使用多个环境并行训练
import gym
from stable_baselines3.common.env_util import make_vec_env
from stable_baselines3 import PPO
from stable_baselines3.common.evaluation import evaluate_policy

#运行多个环境
env = make_vec_env('CartPole-v1', n_envs=4)

#训练一个模型
model = PPO('MlpPolicy', env, verbose=0)
model.learn(total_timesteps=5000, progress_bar=True)

#关闭环境
env.close()

#测试
evaluate_policy(model, gym.make('CartPole-v1'), n_eval_episodes=20)
```

可以看到 SB3 对多环境并行的支持是很好的,只要调用 SB3 封装好的工具函数 make_vec_env(),就可以达到多环境并行训练的效果。使用起来和单环境的区别不大。

虽然对于平衡车这个比较简单的游戏环境来讲,似乎不太存在等待响应的时间,但如果在一些复杂的游戏环境中,则等待时间可能会是相当漫长的。

以上代码的运行结果如下:

```
(403.05, 147.95386949992218)
```

可以看到训练的效果也是比较好的。多环境并行训练主要用于提升训练的效率,和训练效果的关系并不是特别大。

18.5　Callback 类

SB3 提供了 Callback 类来对训练的过程进行监控和控制。SB3 提供的 Callback 类的基本语法如下:

```
#第 18 章/Callback 类语法
from stable_baselines3.common.callbacks import BaseCallback

#Callback 语法
class CustomCallback(BaseCallback):

    def __init__(self, verbose=0):
```

```
            super().__init__(verbose)

            #可以访问的变量
            #self.model
            #self.training_env
            #self.n_calls
            #self.num_timesteps
            #self.locals
            #self.globals
            #self.logger
            #self.parent

        def _on_training_start(self) -> None:
            #第 1 个 rollout 开始前调用
            pass

        def _on_rollout_start(self) -> None:
            #rollout 开始前
            pass

        def _on_step(self) -> bool:
            #env.step()之后调用,返回值为 False 后停止训练
            return True

        def _on_rollout_end(self) -> None:
            #更新参数前调用
            pass

        def _on_training_end(self) -> None:
            #训练结束前调用
            pass


CustomCallback()
```

可以看到 Callback 类在训练的各个阶段提供控制的方式,该类内部有很多便于观察的变量,这些变量基本见名知意,可以通过这些变量来控制训练的进程。

下面举一个使用 Callback 类控制训练进程的例子,例如限制训练的步数,下面这个例子让训练只执行 100 步,并且每 20 步打印一次日志,代码如下:

```
#第 18 章/限制训练步数的 Callback
from stable_baselines3 import PPO


#让训练只执行 N 步的 callback
class LimitStepCallback(BaseCallback):

    def __init__(self):
```

```
        super().__init__(verbose=0)
        self.call_count = 0

    def _on_step(self):
        self.call_count += 1

        if self.call_count % 20 == 0:
            print(self.call_count)

        if self.call_count >= 100:
            return False

        return True


model = PPO('MlpPolicy', 'CartPole-v1', verbose=0)

model.learn(8000, callback=[LimitStepCallback()], progress_bar=True)
```

运行结果如下：

```
20
40
60
80
100
```

可以看到，如果没有该 Callback 的控制，则训练会执行 8000 步，但是因为加入了 Callback 的控制，所以训练只执行了 100 步。为了便于观察，在 Callback 中每 20 步打印了一次日志，这就是一般的 Callback 类的使用方法。

18.6 综合实例

前文介绍了 SB3 框架中主要的组件的用法，这里就使用 SB3 框架执行一个完整的训练过程，以更完整地演示 SB3 框架的使用过程。

为了便于后续打印动画，这里把平衡车游戏环境包装一下，加入打印动画的功能，并且限制每局游戏的步数在 200 步以内，代码如下：

```
#第18章/定义游戏环境
import gym


#定义环境
class MyWrapper(gym.Wrapper):

    def __init__(self):
```

```
        env = gym.make('CartPole-v1', render_mode='rgb_array')
        super().__init__(env)
        self.env = env
        self.step_n = 0

    def reset(self, seed=None, options=None):
        self.step_n = 0
        return self.env.reset()

    def step(self, action):
        self.step_n += 1
        state, reward, truncated, terminated, info = self.env.step(action)

        if self.step_n >= 200:
            truncated = True
            terminated = True

        return state, reward, truncated, terminated, info

    #打印游戏图像
    def show(self):
        from matplotlib import pyplot as plt
        plt.figure(figsize=(3, 3))
        plt.imshow(self.env.render())
        plt.show()


env = MyWrapper()
env.reset()

env.show()
```

以上代码相信读者并不陌生,本书各个章节基本是这样封装的,只是为了符合 SB3 对环境的要求,部分接口的样式修改成了 Gym 包 0.26.2 版本。

准备好了游戏环境以后,下面就可以定义强化学习算法了,这里依然使用 PPO 算法演示,代码如下:

```
#第 18 章/定义强化学习算法
from stable_baselines3.common.env_util import make_vec_env
from stable_baselines3 import PPO
from stable_baselines3.common.evaluation import import evaluate_policy

#初始化模型
model = PPO(policy='MlpPolicy',
            env=make_vec_env(MyWrapper, n_envs=4),
            n_steps=200,
            batch_size=64,
            n_epochs=4,
```

```
                gamma=0.999,
                gae_lambda=0.98,
                ent_coef=0.01,
                verbose=0)

#测试
evaluate_policy(model, env, n_eval_episodes=20, deterministic=False)
```

可以看到定义了使用 PPO 算法，并且使用了 SB3 的工具函数 make_vec_env() 来使用 4 个游戏环境并行地训练，这能提高训练的效率，减少等待环境相应的时间。此外还对 PPO 算法指定了一些参数，这些参数的含义可以在 SB3 官方网站查询到，这里的取值大多数是默认值，对于大多数任务来讲使用默认值就已经足够了。

在定义好了算法模型以后执行了一次测试，以确定算法性能的基线，运行结果如下：

```
(24.65, 11.727211944874194)
```

上面的数值就是当前算法性能的基线，训练后的算法性能必须超过该成绩才能算是有效。

接下来就可以执行训练了，代码如下：

```
#第 18 章/训练
model.learn(total_timesteps=5_0000, progress_bar=True)

model.save('models/ppo-CartPole-v1')
model = PPO.load('models/ppo-CartPole-v1')

evaluate_policy(model, env, n_eval_episodes=20, deterministic=False)
```

可以看到在这段代码中对算法进行了训练，并演示了训练好的模型是如何存取的，最后对训练好的模型执行了测试，运行结果如下：

```
(189.3, 20.508778608196053)
```

对比训练前的基线，这里得到的成绩明显提升了，这验证了训练过程是有效的，并且模型的存取并没有丢失性能。

最后，可以使用训练完成的模型实际地玩一局游戏，并打印成动画，以检查模型的表现，代码如下：

```
#第 18 章/打印游戏动画
from IPython import display
import random


def play():
    state, _ = env.reset()
```

```
over = False
reward_sum = 0

while not over:
    action, _ = model.predict(state)

    state, reward, truncated, terminated, _ = env.step(action)
    over = truncated or terminated
    reward_sum += reward

    #跳帧
    if random.random() < 0.2:
        display.clear_output(wait=True)
        env.show()

    return reward_sum


play()
```

由于本书是印刷品,所以不方便演示动画,读者可以自行训练并打印动画,可以看到算法的表现。每局的成绩应该都在 180 分左右,这算是比较好的成绩了。

18.7 使用 SB3 Contrib

最后演示一下 SB3 的一个扩展包: SB3 Contrib,这个包提供了一些 SB3 不支持的算法,SB3 Contrib 提供的算法如表 18-3 所示。

表 18-3 SB3 Contrib 支持的算法

算法	Box	Discrete	MultiDiscrete	MultiBinary	MultiProcessing
ARS	√				√
MaskablePPO		√	√	√	√
QR-DQN		√			√
RecurrentPPO	√	√	√	√	
TQC	√				√
TRPO	√	√	√	√	√

表 18-3 同样可以在 SB3 的官方网站查询到。

下面以 TRPO 算法演示 SB3 Contrib 包的使用方法,代码如下:

```
#第 18 章/使用 SB3 Contrib 包提供的 TRPO 算法
from sb3_contrib import TRPO
from stable_baselines3.common.evaluation import import evaluate_policy
```

```
model = TRPO(policy='MlpPolicy', env='CartPole-v1', verbose=0)

evaluate_policy(model,
                model.get_env(),
                n_eval_episodes=20,
                deterministic=False)
```

可以看到使用 SB3 Contrib 包中的算法和使用 SB3 提供的算法并没有不同,引入之后其他的操作都是一样的。以上代码的运行结果如下:

```
(20.25, 9.224288590455092)
```

执行训练的代码如下:

```
#第 18 章/训练
model.learn(total_timesteps=2_0000, progress_bar=True)

evaluate_policy(model,
                model.get_env(),
                n_eval_episodes=20,
                deterministic=False)
```

运行结果如下:

```
(364.8, 96.85329111599668)
```

可以看到测试的性能显著地上升了。以上就是使用 SB3 Contrib 包中提供的算法的方法。

18.8 小结

本章向读者介绍了一个简单的强化学习框架:SB3。正如本章所展现的,SB3 是一个开箱即用的"傻瓜"式软件包,即使是对强化学习一窍不通的门外汉也可以快速地应用强化学习算法,可以说 SB3 就是强化学习领域的 Scikit-Learn。

SB3 的封装程度很高,这既有好处也有坏处。好处是使用起来简单了,用户只需调用 SB3 封装好的各个接口就可以很好地完成任务,不需要关心底层的算法细节。

坏处是所有的细节都被隐藏了,除非进入 SB3 的源代码,否则很难搞懂它究竟做了些什么事情,遇到错误的时候不好排查。

笔者认为 SB3 虽然封装得很精巧,但在实际生产环境中还是手动构建强化学习算法比较稳妥,这可能是一种程序员思维,必须把所有细节都掌握在自己手中才有安全感。

不过对于生产环境来讲,确实任何未知的细节都存在潜在的风险,尤其是对于强化学习这种任务来讲,原本风险和不确定性就很大,更加需要保障测试的覆盖率,确保所有的环节都不出疏漏,这样才比较稳妥。

书　名	作　者
Python 概率统计	李爽
Python 区块链量化交易	陈林仙
Python 玩转数学问题——轻松学习 NumPy、SciPy 和 Matplotlib	张骞
仓颉语言实战(微课视频版)	张磊
仓颉语言核心编程——入门、进阶与实战	徐礼文
仓颉语言程序设计	董昱
仓颉程序设计语言	刘安战
仓颉语言元编程	张磊
仓颉语言极速入门——UI 全场景实战	张云波
HarmonyOS 移动应用开发(ArkTS 版)	刘安战、余雨萍、陈争艳 等
openEuler 操作系统管理入门	陈争艳、刘安战、贾玉祥 等
AR Foundation 增强现实开发实战(ARKit 版)	汪祥春
AR Foundation 增强现实开发实战(ARCore 版)	汪祥春
后台管理系统实践——Vue.js＋Express.js(微课视频版)	王鸿盛
HoloLens 2 开发入门精要——基于 Unity 和 MRTK	汪祥春
Octave AR 应用实战	于红博
Octave GUI 开发实战	于红博
公有云安全实践(AWS 版·微课视频版)	陈涛、陈庭暄
虚拟化 KVM 极速入门	陈涛
虚拟化 KVM 进阶实践	陈涛
Kubernetes API Server 源码分析与扩展开发(微课视频版)	张海龙
编译器之旅——打造自己的编程语言(微课视频版)	于东亮
JavaScript 修炼之路	张云鹏、戚爱斌
深度探索 Vue.js——原理剖析与实战应用	张云鹏
前端三剑客——HTML5＋CSS3＋JavaScript 从入门到实战	贾志杰
剑指大前端全栈工程师	贾志杰、史广、赵东彦
从数据科学看懂数字化转型——数据如何改变世界	刘通
5G 核心网原理与实践	易飞、何宇、刘子琦
恶意代码逆向分析基础详解	刘晓阳
深度探索 Go 语言——对象模型与 runtime 的原理、特性及应用	封幼林
深入理解 Go 语言	刘丹冰
Vue＋Spring Boot 前后端分离开发实战(第 2 版·微课视频版)	贾志杰
Spring Boot 3.0 开发实战	李西明、陈立为
Spring Boot＋Vue.js＋uni-app 全栈开发	夏运虎、姚晓峰
Dart 语言实战——基于 Flutter 框架的程序开发(第 2 版)	亢少军
Dart 语言实战——基于 Angular 框架的 Web 开发	刘仕文
Power Query M 函数应用技巧与实战	邹慧
Pandas 通关实战	黄福星
深入浅出 Power Query M 语言	黄福星
深入浅出 DAX——Excel Power Pivot 和 Power BI 高效数据分析	黄福星
从 Excel 到 Python 数据分析:Pandas、xlwings、openpyxl、Matplotlib 的交互与应用	黄福星
云原生开发实践	高尚衡
云计算管理配置与实战	杨昌家
移动 GIS 开发与应用——基于 ArcGIS Maps SDK for Kotlin	董昱